相信閱讀

Believing in Reading

科學文化 (77X)

Science Culture

生物圈的未來

The Future of Life

by Edward O. Wilson

威爾森／著 楊玉齡／譯

作者簡介

威爾森(Edward O. Wilson)

一九二九年出生於美國阿拉巴馬州伯明罕。一九四九年畢業於阿拉巴馬大學，一九五五年獲哈佛大學生物學博士學位，同年開始在哈佛大學執教。目前，威爾森擔任哈佛大學佩萊格里諾講座研究教授，並爲哈佛大學比較動物學博物館的昆蟲館名譽館長。

威爾森是美國當今生物理論學家翹楚，一九六九年獲選爲美國國家科學院院士。他還榮獲過全世界最高的環境生物學獎項，包括美國的國家科學獎、瑞典皇家科學院爲諾貝爾獎未能涵蓋的科學領域所頒發的克拉福德獎(Crafoord Prize)。一九九六年，威爾森獲《時代》雜誌評定爲二十五位影響美國當代最巨的美國人物之一。

因爲關心保育事務，威爾森曾獲世界自然基金會頒發的金質獎章、美國奧都邦學會頒發的奧都邦獎章。此外，他還是自然保育協會、國際保育協會以及美國自然史博物館的理事，而且經常到世界各地演講。目前他與妻子蕾妮（Renee）居住在美國麻州列星頓。

威爾森非常擅長著述，他以《論人性》（時報出版）及《螞蟻》（*The Ants*）兩本著作，兩度獲得普立茲獎。另著有《大自然的獵人》、《繽紛的生命》、《Consilience—知識大融通》、《生物圈的未來》（皆爲天下文化出版）。

譯者簡介

楊玉齡

輔仁大學生物系畢業。曾任《牛頓》雜誌副總編輯、《天下》雜誌資深文稿編輯。目前為自由撰稿人，專事科學書籍翻譯、寫作。

從事科學傳播工作多年，採訪報導作品散見《牛頓》雜誌第六期至第九十四期；著作有《台灣蛇毒傳奇》、《肝炎聖戰》(皆與羅時成合著)、《一代醫人杜聰明》，譯作有《雁鵝與勞倫茲》、《基因聖戰》、《人類傳奇》、《伊甸園外的生命長河》、《達爾文與小獵犬號》、《大自然的獵人》、《螞蟻與孔雀》(上、下)、《DNA的語言》、《瘟疫與人》、《想像的未來》、《我的生日不見了》、《露骨——X射線檔案》、《露骨——醫學造影檔案》、《佛克曼醫師的戰爭》、《生物圈的未來》、《試管中的惡魔》(皆為天下文化出版)以及《番茄一號》(遠流出版)。

其中，《肝炎聖戰》榮獲科學普及著作的最高榮譽「第一屆吳大猷科學普及著作獎——創作類金籤獎」，《生物圈的未來》榮獲「第二屆吳大猷科學普及著作獎——翻譯類金籤獎」。

生物圈的未來

The Future of Life

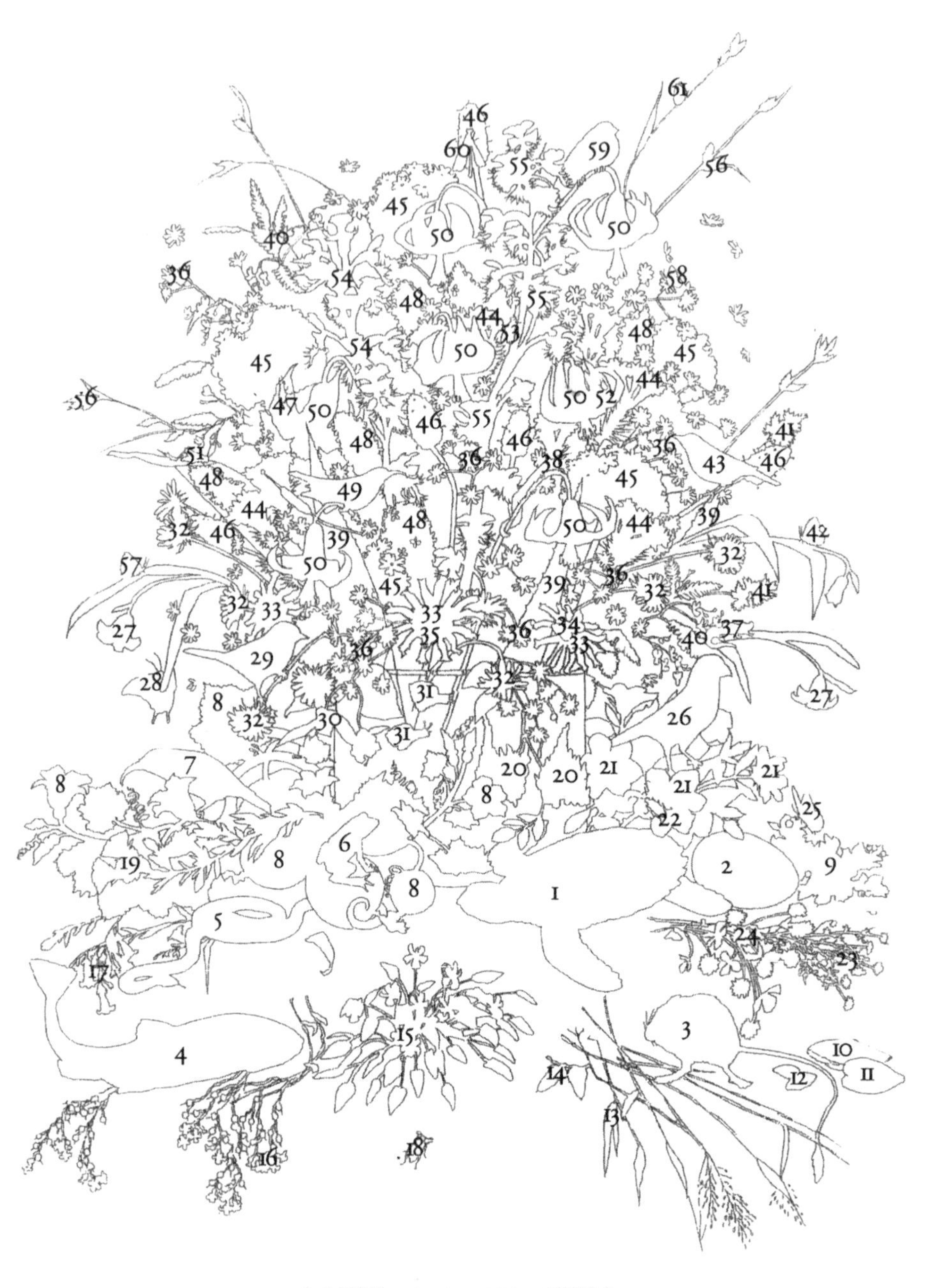

（本圖爲Isabella Kirkland所繪）

瀕絕及已滅絕的物種或族群

（請對照本書的彩色封面；以生物外形及對應編號標示）

1. 玳瑁（*Eretmochelys imbricata*）
2. 加州兀鷹（*Gymnogyps californianus*）的蛋
3. 大跳鼠（*Dipodomys ingens*）
4. 小黃鉤吻鱒（*Oncorhynchus aguabonita whitei*）
5. 舊金山帶蛇（*Thamnophis sirtalis tetrataenia*）
6. 金蟾蜍（*Bufo periglenes*）
7. 鐮嘴管舌鳥（Vestiaria coccinea）
8. 奧克丘比瓜（Cucurbita okeechobeensis）
9. 普西迪石南（Arctostaphylos pungens var. Ravenii）
10. 詹姆斯多刺蚌（*Pleurobema collina*）
11. 肥袖珍眞珠蚌（*Potamilus capax*）
12. 侏儒楔形蚌（*Alasmidonta heterodon*）
13. 蓋瑟黍（*Dichanthelium lanuginosum var. Thermale*）
14. 加州白櫟（*Quercus lobata*）
15. 瓜達魯普堇菜（*Viola guadalupensis*）
16. 密蘇里膀胱莢（*Lesquerella filiformis*）
17. 印第安諾布山網葉木（*Eriodictyon altissimum*）
18. 美國埋葬蟲（*Nicrophorus americanus*）
19. 藤蔓丘山字草（*Clarkia imbricata*）
20. 普來士塊莖豆（*Apios priceana*）
21. 夏威夷梔子花（*Gardenia brighamii*）
22. 山谷接骨木天牛（*Desmocerus californicus dimorphus*）
23. 貝克黏籽草（*Blennosperma bakeri*）
24. 奔牛三葉草（*Trifolium stoloniferum*）

25. 桃金孃銀斑蝶（*Speyeria zerene myrtleae*）
26. 來珊雀（*Telespyza cantans*）
27. 多花貝母（*Fritillaria striata*）
28. 蕭氏鳳蝶（*Heraclides aristodemus ponceanus*）
29. 金頰林鶯（*Dendroica chrysoparia*）
30. 麥克法藍紫茉莉（*Mirabilis macfarlanei*）
31. 小瑪瑙螺屬樹蝸牛（*Achatinella spp.*）
32. 灰草地菊（*Enceliopsis nudicaulis var. corrugata*）
33. 田納西紫錐菊（*Echinacea tennesseensis*）
34. 洛蒂斯藍蝶（*Lycaeides argyrognomon lotis*）
35. 亨格福爬行龍虱（*Brychius hungerfordi*）
36. 薛凡尼向日葵（*Helianthus schweinitzii*）
37. 沙斯塔蠑螈（*Hydromentes shastae*）
38. 沙漠纖蠑螈（*Batrachoseps aridus*）
39. 亞利桑那龍舌蘭（*Agave arizonica*）
40. 草合歡（*Aeschynomene virginica*）
41. 聖克里門島石籬（*Lithophragma maxima*）
42. 斯特碧絹蝶（*Parnassius clodius strohbeeni*）
43. 黑頂綠鵑（*Vireo atricapillus*）
44. 聖安納河毛星花（*Eriastrum densifolium ssp. Sanctorum*）
45. 多果沙地馬鞭草（*Abronia macrocarpa*）
46. 澤花（*Helonias bullata*）
47. 虎甲蟲（*Cicindela latesignata obliviosa*）
48. 康特哥斯達糖芥（*Erysimum capitatum var. Angustatum*）
49. 奴庫普管舌鳥（*Hemignathus lucidus*）
50. 西部百合（*Lilium occidentale*）
51. 安提阿盾背螽斯（*Nebuda extincta*）
52. 三角綠步行蟲（*Elaphrus viridis*）

53. 德里沙地蠅（*Rhaphiomidas terminatus abdominalis*）

54. 西部草原穗蘭（*Platanthera praeclara*）

55. 東部草原穗蘭（*Platanthera leucophaea*）

56. 貝利白莎草（*Carex albida*）

57. 瑟袞多藍蝶（E*uphilotes battoides allyni*）

58. 使節藍蝶（*Icaricia icarioides missionensis*）

59. 猩紅管舌鳥（*Loxops coccineus*）

60. 舊金山叉尾豆娘（*Ischnura gemina*）

61. 聖布魯諾精靈蝶（*Incisalia mossii bayensis*）

最後，我們的社會將如何受到評價，

不在於我們創造了些什麼，

而是看我們拒絕毀滅的是什麼。

——John C. Sawhill (1936-2000)
1990-2000年自然保育協會會長

序

給梭羅的一封信

威爾森

亨利①！

我可以直呼你的名字嗎？你的語調是這麼的親切，不感受到都難。否則要如何解釋你總是採用第一人稱呢？你說：「我」寫下了這些話，它們是「我」最深沉的思想，不可能有第三者夾在我們之間來傳達得更清楚。

華爾頓湖②這個名字，有時已被神聖化，就像有些人演講時提到它的態度，但是我沒有。相反的，我把它看成藝術作品，是一位新英格蘭地區康科特③居民的信仰聲明，源自某個時空、某位作者的個人處境，但卻能穿越五個世代，詮釋人類普遍的狀況。藝術的定義，還有比這更貼切的嗎？

是你引領我來到這兒。我們的相遇，本來可以僅止於德拉瓦的林地，但是現在我來到了華爾頓湖畔，你的小木屋前。我來，爲的是你在文學上的地位，以及你所提倡的保育運動，可是另一方面，有個比較不那麼冠冕堂皇的理由，是因爲我家就在列星頓，距離這兒不過兩個市鎮遠。所以，我的朝聖之旅不過是一個快樂的下午，到自然保留區做了趟遠足而已。但是我到這兒來，最主要的原因是，在你們那一輩人士當中，你是我最想了解的。身爲生物學家，又有現代科學圖書館做後盾，我的知識已超越達爾文④。我可以想像出這位鄉紳，在面對一個半世紀後的思想時，所抱持的審愼態度。我這樣想像沒什麼大不了的：因爲這號維多利亞時代人物早已安穩地盤踞在我們記憶中的一個角落。但是，我卻沒法想像你的反應，至少沒法完全掌握。你的文稿裡有太多隱晦的成分，太容易牽動人的情緒。你離開人世太過匆匆，而你那躁動的靈魂至今仍令我們迷惑。

對著一百五十年前的人說話，眞有這麼怪異麼？我不覺得。尤其當話題爲自然史的時候。生物演化之輪是以千年爲單位來轉動的，相較你我之間的時代差距，其間可能發生的物種轉變未免太過緩慢。由這些物種組合而成的自然棲地，大都也還維持老樣子。華爾頓湖畔的樹林，只砍伐了一部分，完全沒有變更成農地，它的面貌在我的時代，與你的時代大同小異，只不過樹木長得更密了。還是可以用同樣的語調，來描述它的氣氛與情調。

總之，我年紀愈大，愈覺得歷史應該以生物的壽命爲計算單位。如此一來，我們的時代又更接近了。如果你是活到八十歲，而非四十四歲，今天我們或許可以看到一段影片，片中你混在一群頭戴草帽、手撐陽傘的假日遊客裡，在華爾頓湖畔散步。我們可能還可以藉由愛迪生的記錄儀器，聽一聽你的聲音。你的說話聲是否如外傳般有些含糊呢？

我現在七十二歲了，老得足以和達爾文僅存於世的孫女一塊兒在劍橋大學喝下午茶。當我還是哈佛大學研究生時，和我討論我第一篇演化論文的人，正是朱里安•赫胥黎⑤，他小時候經常坐在湯瑪士•赫胥黎的腿上，而後者正是達爾文最勇猛的門生及親密的友人。你馬上就會知道我講這話的用意。一八五九年，《物種原始論》出版那年，你在人世還有三年壽命。這本書立即成爲哈佛大學以及大西洋沿岸時髦沙龍的討論話題。你搶購了美國第一版印行的《物種原始論》，而且興致勃勃地注解起來。我常常設想到一種狀況：理論上，我小時候很可能曾和某位「孩提時曾經到華爾頓湖畔拜訪過你」的老人說過話。這麼一來，我們之間就只相隔一代記憶而已。親自來到湖畔後，甚至連那一代的記憶之隔也消失了。

原諒我扯遠了。我來其實有個目的：我想變成更道地的梭羅主義者（Thoreauvian），以便對你，以及除我以外的所有人，更精準地解析我倆都熱愛的世界究竟發生了什麼事。

華爾頓湖畔

我們姑且從華爾頓湖外圍地區談起，它們改變得可厲害了。在你那個年代，森林差不多都沒了。個頭最高的白松，老早以前便被砍伐運往波士頓，製成船桅。其他木材則被製成房屋、鐵路枕木或是燃料。大部分沼澤雪松都變成了蓋屋板。當時美國雖仍擁有豐沛的樹木資源，但卻在木炭以及大塊木材即將用罄之際，面臨了第一次能源危機。不久之後，局面完全改觀。煤炭塡補上木炭的空缺，以更驚人的火速步調發動了工業革命。

一八四五年，當你利用柯林斯小屋拆卸下的板材，蓋起一座小木屋時，華爾頓樹林坐落在一片光禿禿、幾乎沒有樹木的荒原上，有如一塊備受威脅的小綠洲。如今它的模樣還是差不多，只除了四周農地上多植了一些樹木。這些樹還是散亂的二代林，也就是十八世紀中，湖畔周遭的巨大原始林的子孫。小木屋四周，生長了一半的白松之間，增生出許多山毛櫸、山胡桃、紅楓、以及鮮紅和白色的橡木，它們試圖重建闊葉樹在新英格蘭南部森林的優勢。由你的小屋通往最近的水灣，也就是現在所謂的梭羅小灣，沿途什麼雜樹都沒有，完全淨空給更高大的白松，它們的樹幹挺直，離地老高的枝椏朝水平方向伸展。地面則由稀稀落落的小樹苗和越橘所占據。

在這裡要很遺憾地向你報告，美國栗已死，被一片生長過度狂熱的歐洲眞菌害死了。儘管殘株上還是東一點、西一點地冒出小苗，但很快又被歐洲眞菌發現，加以殺害。這些苦命的小苗，冒出鋸齒狀的葉子，依稀提醒我們想到，這種強大的樹種曾一度占據東維吉尼亞森林近四分之一的面積。不過，你所熟悉的其他樹種都還健在。紅楓生長得益發興旺，強過你那個時代。在森林更新過程中，它活得是史無前例的好，而它爲新英格蘭秋天所妝點的紅色，也從未這般艷麗⑥。

我能淸晰地想像出你坐在門前微微高起的門檻上，就像你妹妹蘇菲亞幫你畫的素描般。這是一個涼爽的六月天早晨，在我認爲，最適合新英格蘭地區的月分非六月莫屬。我想像自己正與你比肩。我們閒散地眺望滿是春意的湖面，這座面積遼闊卻被新英格蘭人頑固地稱之爲池塘的大湖。今天我們在這兒，用共通的語言聊天，呼吸同樣清淨的空氣，傾聽松林的低語。我們磨擦掉鞋上的落葉，小停片刻，復抬頭仰望天空中盤旋飛翔的紅尾鷹。我們的話題東拉西扯，但總脫離不了自然史，以免不小心破了鬼魂的魔咒，我們的談話也不致太親暱，以免有違我倆孩子氣的樂趣。我想，即使未來一千年後，華爾頓樹林還會是老樣子，它那隱約閃爍的平靜依然能運用它的魔力，對不同的人，依其個別經驗加諸不同的作用。

我倆起身去散個步。我們沿著木材運送路徑來到湖邊，這兒的輪廓改變不大，和你一八四六年的素描差不多，繞著路徑，我們爬坡來到林肯路，然後又轉回威門草地，最後下到梭羅小灣，完成兩英里遠的環形路程。我們搜尋砍伐得最少的林地。我們刻意穿越這些遺跡，而非繞經它們的四周。我們逗留在距離湖畔四分之一英里的範圍內，遙想在你的年代，周邊樹林外圍的土地幾乎全都是耕地。

生物愛好者

大部分時候，我們都是輪流獨白，因爲我們偏愛的生物太不一樣了，常常需要交叉解釋一番。按照探索的生物來區分，世上博物學者可以分爲兩種，我想你會同意這一點。第一種，也就是你屬於的那種——想要尋找大型生物：像是植物、鳥類、哺乳類、爬蟲類、兩棲類、或許再加上蝴蝶。喜歡大型生物的人，會傾聽動物叫聲，窺視樹林冠層，戳弄樹洞，搜尋泥岸上動物遺留的痕跡。他們的視線總是在水平方向打轉，先是抬頭掃瞄樹冠層，然後又低頭檢視地面。尋找大型生物的人，一天只要能有一項大發現，就很滿足了。就我記得，你便不認爲「步行四英里以上的路程，去觀察某株植物是否已開始開花」，有什麼大不了的。

我本人則屬於另一類——小型生物愛好者，也算是自然界的獵人，但不會去追蹤美洲豹之類的動物，而是淨抓一些小東西。我是以公釐和分鐘爲單位的，而且我在觀察時可說一點兒耐心都沒的，因爲無脊椎動物總是這麼豐富、這麼容易找到，把我都給寵壞了。我只要踏進一座豐饒的森林，很少需要步行超過數百英尺。遇到第一棵樣貌豐富的腐木，我便停下腳步。跪下身，把腐木翻轉過來，下邊隱藏的小世界，總是馬上能帶給我喜悅與滿足。把細根和眞菌交織的纖維扯開後，附著其上的樹皮也隨之落地。空氣中立即瀰漫出一股來自健康土壤的甜霉味，對於熱愛此道的鼻孔，這氣味就像香水般。裡頭的居民，這時好比鄉間小路上被車頭燈籠罩住的鹿，因爲秘密生活突然曝光，而嚇得僵住片刻。然後，牠們快速逃離光線和突然變乾燥的空氣，各自用專擅的方法逃命。

一隻雌狼蛛往前猛衝了好幾個身長的距離，但卻找不著遮蔽處，只好停下腳，呆呆站著。她那帶著斑點的外表，具有擬態僞裝的效果，但在螯肢與鬚肢間懸掛著的白色絲卵囊，卻曝露了她的行蹤。再靠近點兒瞧，大動亂發生時正在飽餐青苔的馬陸，這時也捲起身子，準備禦敵。在曝光的腐木遠端，有一隻毒蜈蚣半個身子潛藏在樹皮下。牠的硬甲片彷彿閃閃發亮的棕色盔甲，注滿毒素的下顎彷彿皮下注射器，蹲踞的腿則彷彿一彎大鐮刀。只要不抓牠，毒蜈蚣倒是沒啥可怕的。但是誰敢碰觸這條小毒龍？於是我抓起一根小樹枝來戳牠。快滾開！牠翻了個身，一眨眼就無影無蹤。現在，我總算可以安心用手指翻弄腐植土，尋找剩下來比較不可怕的小東西了。

這些節肢動物其實已經是這個小宇宙裡的巨無霸（請容我再稍做說明）。這種體積的動物，都是成打、成打地出現——如果是螞蟻或白蟻，則是成百地出現。如果能夠把倍數再放大十倍，捕捉到那些肉眼幾乎看不到的動物，牠們一出場，數目可是以千來計算的。像是線蟲和管蚓類、蟎、彈尾蟲、寡足類、雙尾類、結合類以及緩步蟲等，全都生氣盎然生活在地表下。將牠們撒布在白色帆布上，每一粒蠕動的斑點，其實都是一隻完整的動物。總合起來看，牠們的外貌，遠比附近所有蛇類、鼠類、麻雀以及其他脊椎動物加起來，更有看頭也更多樣。牠們的住家是一處縮小版的洞穴迷宮，迷宮牆壁則是由腐朽的植物碎片與綿長達十碼之遠的眞菌絲，緊密交織而成。而這些正是我們腳邊地表層的動物相和植物相。繼續探索，繼續放大，直到眼光穿透沙粒上微薄的水膜，在那兒，你能在極少量的泥土或碎屑上，找著多達百億個細菌⑦。這麼一來，你將觸及能量位階最低的分解者世界，這是繼你隱居華爾頓湖畔一百五十年後的我們，所了解的知識。

在我們鞋底所踩的泥土和腐敗植物中，存在著奔放的自然世界。肉眼所見的野生動物或許已經消失——例如，在麻薩諸塞州已開發的森林中，再也見不到狼、美洲獅以及狼獾的身影。但是，另一個甚至更古老的野生世界卻依然存在。顯微鏡可以幫助你探訪它。我們只需要把視界縮窄，觀察樹林裡千年不變的一小部分即可。而這，就是身為小型生物博物學者的我，能夠對你說的。

兩代博物學者

Thóreau。你的家族把姓氏的重音放在第一音節，唸起來就好像是thorough（完全的），不是嗎？至少有人發現你的好友愛默生，曾經在筆記裡隨手這樣寫過。梭羅，完全的博物學者，你應該會喜歡最近我們爲紀念你所舉辦的「生物多樣日」（Biodiversity Day）。構思的人是康科特居民彼得・阿頓⑧，他同時也是國際野生動物嚮導（名字很好記；因爲他是著名的清教徒約翰・阿頓⑨的後裔）。一九九八年，七月四日這天，也就是你於一八四五年移居華爾頓湖畔的紀念日，一百多位來自新英格蘭地區的博物學者加入彼得和我的陣容。我們出發，看看在一天之內，能夠靠肉眼或是放大鏡，在華爾頓湖周圍康科特和林肯一帶，記錄到多少種野生生物，對象包括植物、動物和眞菌。我們預定的目標爲一千種。

最後，這支飽受荆棘刮傷、蚊蟲咬傷的隊伍，在黃昏的戶外晚餐席間，宣布了總數：

一九○四種。嗯，應該說是一九○五種，因爲第二天早晨，一隻麋鹿不知打哪兒冒了出來，閒逛進康科特城中心。不過，牠很快又走了，而且顯然已離開康科特地區，因此生物多樣性數據又再度跌回前一天的水準。

你要是回來參加我們的生物多樣日活動，恐怕也不會引起注意。當然，前提是你如果能節制一下，不要把波克總統和墨西哥問題⑩一道帶來的話。即便你那身一八四○年代的服裝，也不會太惹眼，因爲我們全都身著邋遢的田野裝束。同樣的，你應該也能了解我們的用意。根據你最後兩本著作《種子的信仰》以及《野生果子》⑪，很顯然，在你即將過早離世之前，你正朝向科學的自然史方向發展。你這種轉變十分合乎邏輯：每一項科學的源頭都起自於觀察、描述，然後命名。人類似乎總是本能地用這種方法來征服周遭環境。如果不知道名稱，我們就沒辦法把任何植物或是動物思考淸楚，也因此，拿著觀察指南賞鳥才會如此快樂。阿頓的點子很快就大受歡迎。就在我撰寫本書的二○○一年，生物多樣日活動（或是所謂的生物突襲活動）不只在美國各地舉行，還包括奧地利、德國、盧森堡以及瑞士。二○○一年六月，來自全美二百六十個城鎮的學生，加入我們在麻州舉辦的第三屆生物多樣日活動。

那天，我在華爾頓湖畔首次碰到帕克（Brad Parker），他是一位性格演員，是諸多在你那重建過的小木屋扮演你的演員之一。他可是一位研究深入的梭羅主義者，而且唯妙唯肖的程度，簡直令人毛骨悚然。在我們交談過程中，他一刻也不願脫離你的角色，多虧他，我足足享受了一小時，沉浸在他所創造出來的一八四〇年代氛圍之中。禮尚往來，我也反邀他和我一起窺探躲藏在附近石塊、枯枝下的昆蟲或是其他無脊椎動物。我們朝向一團淺黃色的蕈類走去。這時，這位小梭羅提醒我，咱們頭上的樹冠中，有一隻畫眉鳥正在高歌，由於我的高音域聽力不佳，那原本是我聽不到的聲音。

我們就這樣相處了好一陣子，他不時吐露幾句屬於十九世紀的妙語，而我則盡力扮演時空訪客的角色。偶爾頭頂傳來即將在漢斯康菲爾德降落的客機轟隆聲，但是我倆聽若不聞。此外，六十九歲的我和三十多歲復活過來的你，梭羅先生，一塊兒談天，我不覺得有什麼不尋常之處。就某方面來說，這樣安排甚至更爲適當。我們這一輩的博物學家，正是由你們那一輩成長而來、知識更豐（就算不是更有智慧）的一代。

有一個例子可以說明這種知識成長的情形。小梭羅和我談起，你曾在《湖濱散記》中描述過一場螞蟻戰爭。某個夏天早晨，你發現就在你的小木屋邊有一場螞蟻大戰，一群紅螞蟻和一群黑螞蟻上顎交纏，短兵相接。已死或垂死的螞蟻散落了一地，受傷但還能動的，則奮戰不懈。於是你說，這眞是一場螞蟻界的奧斯特里次大戰⑫。相形之下，華爾頓湖畔第一聲來福槍響引發的美國革命戰爭，規模頓然失色。

在這裡，可否容我解釋一下你看到的現象？那其實是一場奴隸掠奪戰⑬。奴隸販子是紅螞蟻，學名很可能叫做 *Formica subintegra*，受害者是黑螞蟻，學名應該是 *Formica subsericea*。紅螞蟻是去劫掠黑螞蟻的幼兒，說得更準確些，是掠奪牠們尚未孵化的繭或蛹。這些幼蟲遭綁架後，便在紅蟻窩完成剩餘的發育過程，最後變爲成年的工蟻。然而，由於牠們本能地會接受生平遇到的第一批工蟻做爲同伴，因此便會自願被紅蟻群奴役。想想看！就在美國最反對蓄奴的人士家門口，上演一場奴隸掠奪戰。幾百萬年以來，這種殘酷的達爾文生存競爭始終占上風，而且以後也還會如此，這群受害的螞蟻不可能等得到一位林肯，或是梭羅，或是南北戰爭前協助黑奴逃跑的秘密管道來拯救牠們。

如今，您這位保育運動先知，甘地與金恩的精神導師⑭，總算得到這份遲來的認可。你是人類情境的敏銳觀察者、庸俗文化的聲討者、在新世界中漂流的禁慾者，每個世代都有你重生的影子，帶著新的意涵與細微差異。於是，他們尊稱你爲康科特賢人，或是聖亨利，你的歷史地位，贏得當之無愧。

但從另一方面看，你不能算是偉大的博物學者。（原諒我這麼說！）你就算把短暫的一生都投注在自然史上，你的成就也將遠不如巴特蘭、阿格西以及採集量驚人的北美植物蒐集家托瑞⑮，而且今天肯定沒有什麼人還記得你。你如果長壽一些，情況當然又另當別論，因爲就在你離開人世之前，你在博物學方面的動能正快速累積中。平心而論，對於森林演替以及植物群落的其他特性，你的看法直指現代生態學⑯。

隱居的理由

這些都不重要了。我了解你爲什麼要到華爾頓湖畔來居住；對此，你說得夠明白了。

沒錯，你選擇這個地點爲的是研究大自然。但是你大可住到你母親位於康科特城中心的房子，每天輕鬆步行半小時，到郊外觀察大自然。而事實上，你確實也常常跑到母親家打牙祭。再者，你的小屋也稱不上是野地隱士的居所。附近根本沒有什麼眞正的野外，就算華爾頓樹林，到了一八四〇年代，也早就萎縮到相當單薄的面積。

你把孤獨稱爲最愛的伴侶。你說，你一點兒都不害怕沉溺在自己的思緒中。然而你卻是那麼渴求人道，你的發言在語氣和哲理上，又是如此以人爲本。而且華爾頓小屋總是歡迎訪客。有一次，超過二十五名訪客同時擠進你的小屋，幾乎是摩肩擦踵。你似乎並不害怕緊挨著的人體——但是我怕。你通常都很孤獨。在冷冷的雨夜中，通過非契堡線上的火車哨音，或是遠方正在渡橋的牛車所發出的隆隆聲，都曾帶給你安慰的感覺。儘管你害羞得要命，有時，你還是會特地出去找尋人影，任何人都可以，只爲了和人說說話。照你的說法，你黏著他們不放，簡直像血蛭般。

簡單的說，你實在一點兒都不像拓荒者，不像那種面容冷峻、背著乾肉餅和長槍的人物。沒錯，拓荒者不會悠閒地漫步、採集植物，或是讀希臘文書籍。所以啦，究竟是怎麼回事，一位業餘博物學者寄居在一間兒戲般的小屋中，後來又如何會變成保育運動的奠基聖賢？以下是我的推論。你渴慕神靈。因此你試圖把物質生活降到最基本的層次，以尋求啓蒙以及舊約聖經的實踐之道。小木屋是你山邊的洞穴。你以貧窮換取相當程度的自由生存。唯有這樣做，你才能找尋到生命的眞義，掙脫日常瑣事和匆忙對生命的束縛。按照你

本人的說法（我沒敢更動你原文中任何一個字），你住在華爾頓湖畔，

只面對生活裡最最基本的要素，看看我是否能夠學會，看看我是否在臨終前，不會發現自己從未活過……要活得深沉，吸吮生活所有的精髓，要活得堅忍簡樸如斯巴達人，把所有非生活的東西驅逐出去，把場面擺大一點，險多冒一點，把生活逼進牆角，把生存條件降到最低，最後，如果證明生活是卑賤平庸的，那麼就看清楚它所有眞正的卑賤，然後再把它的平庸公諸於世；又或者透過經驗，能體驗到生活的崇高，那麼我便能在下個旅程裡好好討論一番。

有一點，我想你是弄錯了，你認爲生命的方式可以有無限多種，彷彿從圓心往圓周輻射般，而你的選擇只是其中之一。剛剛相反，人類心靈總是只沿著幾條固定路線來發揮它的想像力。這些想像會雀屏中選，是因爲我們在尋求安慰時，本能上會有一些共通性。就是因爲人性堅定不移，人類才會栽種植物，天神才會老是住在高山上，而湖泊也總是被視爲世界的眼睛（根據你的隱喻），讓我們藉以衡量自我的靈魂。

人類渴望尋求經驗的完整與豐富。但是當這些需索迷失在日常生活的作息表之中，我們便會往他處尋求。當你將身外的牽絆褪到最少，你那訓練良好且敏銳的心靈，頓時落入無法忍受的眞空之中。而這就是事物的本質：爲了要塡補這份眞空，你發現了人類的天

性，擁抱大自然。

你的童年經驗決定了你的目的地。你不會跑到當地某處玉米田或是採石場去。你也不會跑到波士頓的大街上，雖說當時它已是一個新興國家的蓬勃中樞大城，但是到這兒當遊民，很有可能喪失個人尊嚴，甚至賠上性命。因此，理想的地點一定得是一個能同時容納貧窮與富足的地方，而且風景還要夠秀麗，做爲精神上的補償。環顧康科特地區，還有什麼地點比湖邊的一塊林地更理想？

你把現實生活裡大部分的富足，拿來換取自然界中同等的富足。這樣的選擇完全合理，原因如下。我們每個人都會在「完全退縮回自己世界」以及「完全投入社會、與他人互動」這兩個極端之間，找尋一個令自己安適的位置。但是這個位置總是沒法固定。我們因此而焦慮、動搖，將自己的生命駛入這兩個相互衝突的天性所造成的激流之中，承受來自兩個極端的壓力。但是，我們所感覺到的這股不確定性，並非詛咒。它不是通往伊甸園外的路途上的迷惑。它只不過是人類的情境。我們是智慧的哺乳動物，適應了演化（你喜歡的話也可以說適應了上帝），可藉由合作來追求個人的目標。我們最珍惜的自我和家庭擺第一，之後才是社會。就這個層面來看，我們人類和你家屋邊的螞蟻群（個體緊密結合成彷彿一個超級生物），顯然是兩個極端。我們的生命也因此成爲無解的難題，成爲一場追尋不確定目標的動態過程。它們既不是禮讚，也不壯觀，而是如同近代一位哲學家所說的，一場困局⑰。所謂的仁道，是人類這種動物在天性的驅使下，所做出的道德抉擇，以及爲了在變動的世間尋求自我實踐，所想出的各種方法。

你來到華爾頓湖尋求人生精義，不論在你心裡認爲是否成功，你都談到了一項感觸很深的倫理：大自然永遠能供我們探索，它是我們的考驗，也是我們的避難所，它是我們天生的家，它就是所有。救救它吧，你說：世界的保護就在於野外。

全球土地倫理

這封信寫到尾聲，現在，我不得不報告壞消息了。（我拖到最後再說。）二〇〇一年，全世界的大自然都在你我眼前消失——被切碎、收割、耕犁、攫取以及由人造物體取代。

你那個時代的人，恐怕想像不出規模這等宏大的破壞。一八四〇年代，地球人口只比十億多一些。他們絕大多數務農爲生，少有人家需要超過二到三英畝的土地來生活。當時美國境內還有很遼闊的土地未開墾。美國以南的幾塊大陸上，在那些大河流域上游、難以攀越的高山上，長滿未經破壞的熱帶森林，裡頭的生物多樣性豐沛至極。當時這些野生世界就彷彿在其他星球般，永遠存在，而且人力也難以企及。但是由於西方文化屬於亞伯拉罕式，這種情況注定不長久。探險家和拓荒者遵守的都是聖經裡的祈禱文：讓我們擁有上帝所賜給我們的流奶與蜜的美地，直到永遠⑱。

如今，已有超過六十億人口擁塞在地球上。其中許多人都生活在極度貧窮中；差不多有十億人口瀕臨餓死邊緣。所有人都想盡辦法提升自己的生活品質。很不幸的，這些辦法也包括破壞殘存的自然環境。廣大的熱帶雨林已消失了一半。世界上未開拓的地區，實際上已經沒有了。自從人類來了之後，植物和動物消失的速度增快了百倍以上，而且到了本世紀末，現有物種將會消失一半。等到西元三千年左右，世界末日即將迫近。但是，情況並不像聖經所預測的，會發生一場超級大戰或是人類突然滅種。相反的，那會是一個飽經蹂躪的星球殘骸，而加害者正是數量過多、充滿才智的人類。

目前，有兩股科技力量在相互競爭之中，一股是摧毀生態環境的科技力，另一股則是拯救生態環境的科技力。我們正處在人口過多以及過度消費的瓶頸之中。如果這場競賽得勝，人類將會進入有史以來最佳的狀態，而且生物的多樣性也大致還能保留。

我們的處境非常危急，但是還是有一些令人鼓舞的跡象顯示，勝利可能終會降臨。人口成長速度已經減緩，如果成長曲線維持不變，本世紀末地球人口總數將介於九十到一百億之間。專家告訴我們，那種數目的人口還是可能維持相當的生活條件，但也只是勉強及格：因爲全球每人平均耕地面積與飲用水，正在下降。另外也有專家告訴我們，要解決這個問題，唯有同時保護大多數脆弱的植物及動物。

爲了要通過此一瓶頸，我們亟需發展一套全球土地倫理。這套全球土地倫理不是隨便制定，只要大家都同意即可；相反的，它的基礎在於最深切地了解人類自身以及環境，而這份了解可以經由現存的科技來協助達成。其他生物當然也很重要。而我們的管理方式絕對是這些生物唯一的希望。明智的做法是，我們應該仔細傾聽心靈的聲音，再借助所有可能的工具，理性地採取行動。

亨利吾友，謝謝你率先提出這項倫理的首要元素。如今，輪到我們來總合成更全面的智慧。生物世界正在步向衰亡；自然經濟正在你我繁忙的腳步下崩潰。我們人類一向太過熱中於自己的想法，以致沒有預見到我們的行爲所造成的長程影響，人類要是再不甩開自己的幻覺，快速謀求解決之道，將來可要損失慘重了。現在，科技一定得幫助我們找尋出路。

你曾說過，老習慣適合老人，新行爲適合新人。但我認爲，就歷史的角度看來情況恰恰相反。你是新人，我們是老人。然而，我們現在可有變得更智慧嗎？對於居住在華爾頓湖畔的你來說，野鴿子的晨間哀歌，青蛙劃破黎明水面的咯咯聲，就是挽救這片大地的眞正理由。對於我們，則是爲了要清楚掌握事實、它所隱含的意義，以及如何運用事實以達成最佳效果。所以，共有兩種事實。你和我和其他願意接受這項大自然管理的人們，將兩者兼具。

愛德華　敬上

【注釋】

①譯注：亨利．大衛．梭羅（Henry David Thoreau，1817-1862），美國作家、詩人及實用哲學家，以《湖濱散記》一書成名。梭羅出生於波士頓西北方的康科特城（Concord），爲先驗主義團體的成員之一，也是該團體領袖愛默生（Ralph Waldo Emerson，美國哲學思想家）的好友。梭羅主張民權，反對黑奴制度，創不抵抗主義，受愛默生影響極大。

②譯注：梭羅在一八四五年七月至一八四七年九月間，於康科特附近的華爾頓湖（Walden Pond）畔隱居，他親手搭蓋一間木屋，自己種菜過活，其餘時間則用來閱讀、寫作以及親近大自然。梭羅將這段生活經歷與思考寫成《湖濱散記》（*Walden*，或直譯爲華爾頓湖），書中全部採第一人稱自述，呼籲人們回歸大自然，並倡導簡樸生活與心靈探索的重要性。由於這些與自然合一的主張，使得梭羅被尊爲生態保護運動的先驅，同時華爾頓湖也被視爲保育運動的發源地。當地並因此設立了華爾頓湖州立保留區（Walden Pond State Reservation），保護湖區周邊環境，相關資訊與湖區地圖可參見以下網址：www.state.ma.us/dem/parks/wldn.htm。

③譯注：梭羅的出生地康科特，隸屬於麻薩諸塞州，而麻州爲美國東北部六州之一，此六州統稱爲新英格蘭地區（New England）。

④譯注：達爾文（Charles Robert Darwin, 1809-1882），英國博物學家，演化論的創始者。一八三一年搭英國海軍艦艇「小獵犬號」出海調查五年，孕育出「天擇」演化思想。一八四二年由倫敦遷居鄉間，專心工作著述。一八五九年出版《物種原始論》（*The Origin of Species*），闡述生物演化

機制，引起當時歐洲學術界及社會大衆極大的震撼。

⑤譯注：朱里安·赫胥黎（Julian Huxley, 1887-1975），英國生物學家。研究領域廣泛，包括動物荷爾蒙、生理學、生態學、動物行爲學，著有《新分類學》、《演化：新綜合論》。其祖父湯瑪士·赫胥黎（Thomas Henry Huxley, 1825-1895），爲與達爾文同時期的著名英國生物學家，也是達爾文學說的主要支持者。

⑥原注：有關美國東部森林紅楓（*Acer rubrum*）的興起，請參考：Marc D. Abrams, *BioScience* 48 (5): 355-64 (1998)。

⑦原注：土壤生物高密度資料的出處：Peter M. Groffman, *Trends in Ecology & Evolution* 12 (8): 301-2 (1997); and Peter M. Groffman and Patrick J. Bohlen, *BioScience* 49 (2): 139-48 (1999)。

⑧原注：新英格蘭生物多樣日的籌備者，也就是麻州康科特居民彼得·阿頓（Peter Alden），曾將這一九○四種植物、動物和眞菌，整理在一篇未曾發表的報告中，篇名是：World’s First 1000+ Species Biodiversity Day (1998)，可向阿頓索取。後來這份資料也可在美國國會圖書館本人的檔案中查到。

⑨譯注：約翰·阿頓（John Alden, 1599-1687），爲一六二○年搭乘五月花號到美洲、建立普利茅斯殖民地的清教徒之一。

⑩譯注：波克總統（James Knox Polk, 1795-1849），美國第十一任總統。他在任內發動對墨西哥的戰爭，取得加州地區，使得當時美國的領土延伸至太平洋岸。梭羅對於墨西哥戰爭持反對立場，同時亦不滿當時的奴隸制度，因而拒絕向政府繳稅，他曾因拒繳稅一事入獄一天。

⑪原注：梭羅最近的出版品是指：*Faith in a Seed: The Dispersion of Seeds and other Late Natural History Writings* (Washing, D.C.: Shearwater Books, Island Press, 1993)——中譯本爲《種子的信仰》，金恆鑣、楊永鈺譯（大樹）；以及 *Wild Fruits : Thoreau's Rediscovered Last Manuscript* (New York: W. W. Norton, 2000)。兩本書的編者都是Bradley P. Dean。

⑫譯注：奧斯特里次（Austerlitz）戰役：一八○五年法國皇帝拿破崙於奧斯特里次城大敗俄奧聯軍，使得對抗拿破崙的第三聯盟終告崩潰，同時奧地利與法國締結合約，割地給法國。

⑬原注：在此我要感謝北美地區螞蟻權威Stefan Cover，因爲他提醒我，梭羅看到的螞蟻大戰其實是一場奴隸掠奪戰，很可能是由紅棕色的亞全山蟻（*Formica subintegra*）在掠奪體型較大的黑螞蟻亞絲山蟻（*Formica subsericea*）。這兩種螞蟻在華爾頓湖畔都很常見。

⑭譯注：印度聖雄甘地（Mahatma Gandhi, 1869-1948）和美國黑人領袖、人權鬥士金恩（Martin Luther King, 1929-1968）皆是爲了人民權力而奮鬥，與梭羅主張民權的精神一致。

⑮譯注：巴特蘭（William Bartram, 1739-1823），美國博物學家及旅行家，十八世紀的荒野保育先驅，他在美國東南部旅行寫成的遊記，據說影響了英國的浪漫詩人華茲華斯與柯立芝。

阿格西（Louis Agassiz, 1807-1873），「漸變論」倡導者，瑞士自然科學協會主席、哈佛大學比較動物學博物館的館長、美國國家科學院的創建委員，是一位地質學家兼動物學家。

托瑞（John Torrey, 1796-1873），美國植物學家和教師，美國國家科學院的創建委員，一生致力於植物標本之蒐集和研究。

⑯原注：關於梭羅在科學上的貢獻，包括他對森林演替的概念，Michael Berger曾經在*Annals of Science*

53: 381-97 (1996)中詳細分析過，證明梭羅如果長壽一些，確實可能被視爲偉大的自然學者，就像他被視爲深具影響力的先驅生態學家般。

⑰原注：將人生描述爲一場困局的哲學家是George Santayana。

⑱原注：將大地視爲流奶與蜜之地的亞伯拉罕式世界觀，取材自：Aldo Leopold, *A Sand County Almanac, and Sketches Here and There* (New York: Oxford Univ. Press, 1949)——中譯本爲《沙郡年記》，吳美眞譯（天下文化）。

第一章　絕境

藍色的海洋，看起來一片清澈，
不時有魚兒和無脊椎動物在底下來來往往。
但事實上，並非我們所想像的那樣，
我們肉眼看到的生物，
只不過是生物量金字塔頂端的一小點。

地球上所有的生物，也就是科學家所謂的生物圈、或是神學家口中造物主的傑作，相當於一層由生物所組成、包裹著地球的薄膜，它非常之薄，薄到我們從太空梭上觀看地球的邊緣都沒法看見它，但是它的內部卻又如此複雜，複雜到組成的物種大多都還沒被發現。這片薄膜是沒有縫合線的。從聖母峰頂到馬里亞納海溝，各式各樣的生物棲息在這個星球表面的每一寸空間中。它們遵循生物地理的基本準則：任何地方，只要具備水、有機分子和能源，就會有生命。在地球上，到處存在著有機物質以及某種形式的能源，因此，水便是生命能否存在的重要決定因素。它也許只是沙粒上暫時存在的一層薄膜，它也許從未見著陽光，它也許滾燙沸騰或是超級冰冷，但總是會有某種生物生存其中。就算肉眼看不到任何生物，還是會有單細胞的微生物在裡頭生長繁殖，或至少潛伏著等待液態水的出現，好讓它們重拾生命力。

在絕境中生存

南極大陸上的麥克馬多乾谷是一個極端的例證①，這兒的土壤是全世界最冷、最乾、而且最缺乏養分的。乍看之下，這片地表如同經高壓蒸汽鍋消毒過的器皿般，沒有生物。一九〇三年，第一位親臨南極的探險家史考特（Robert F. Scott）寫道：「我們沒看到任何生物，甚至連地衣或苔蘚都沒有；我們只在內陸的冰河堆石坡上，找到一隻威德海豹的骨骸，至於牠怎麼會跑到這裡來，可就費人疑猜了。」整個地球上，就屬麥克馬多乾谷最神似火星表面布滿碎石的荒原。

但是，由一雙受過訓練的眼睛透過顯微鏡去看，景象就大不相同了。在這條乾巴巴的河床上，生存著二十種光合細菌，以及同樣多樣的單細胞藻類，還有一堆以這些初級生產者爲食的微小無脊椎動物。它們全都仰賴夏季冰河融化的雪水，提供一年一度的生長契機。由於雪水流經的路徑常常改變，有些擱淺的生物只得乖乖等待好幾年，甚至好幾百年，等待雪水重新來臨。乾谷中還有更嚴峻的環境，那就是遠離水源的荒原，但即便這兒也棲息了一撮撮的微生物、眞菌，和以它們爲食的輪蟲、微動物、蟎和彈尾蟲。在這個單薄的食物網頂端，盤踞著四種線蟲，每一種都有特定的植物或動物做爲食物。但是在這個食物鏈當中，即使最大型的動物，蟎與彈尾蟲（牠們相當於麥克馬多乾谷中的大象和老虎），也都是人類肉眼看不見的。

麥克馬多乾谷中的生物正是科學家口中的嗜絕境生物（extremophile），意思是能在生物耐受環境邊緣生存的物種。許多這類生物生存在地球的絕境中，在那些如人類般大型、嬌弱的生命根本無法存活的地方。另一個嗜絕境生物的例子，在南極海上的浮冰「花園」中。這些經年覆蓋在南極大陸周邊數百萬平方英里海域的大浮冰②，乍看起來是沒有生命能忍受的地方。然而，浮冰中其實充滿著裝有融溶海水的孔洞，裡面經年長滿了單細胞藻類，它們能吸收二氧化碳、磷酸鹽以及其他來自海底的養分。這座大花園的光合作用能源來自於穿透浮冰的陽光。當南極洲的夏季來臨，浮冰融化浸蝕後，藻類便沉入海中，成爲橈足類和磷蝦的美食。然後這些小型甲殼動物又進入魚類的肚皮，而這些魚類由於體內具有生化防凍劑的緣故，血液能始終維持液態。

最厲害的嗜絕境生物非微生物莫屬，包括細菌，以及外表和它們極相像、但是在遺傳上差異極大的古細菌。（在此先離題一下：目前爲止，生物學家根據DNA序列和細胞構造將生物分爲三大類。分別是細菌，也就是一般所謂的微生物；再來是古細菌，另一種微生物；最後是眞核生物，包括單細胞原生生物、眞菌以及所有動物，我們人類當然也在內。細菌和古細菌的細胞結構比其他生物來得原始：它們不但細胞核缺乏核膜，也缺乏葉綠體及粒腺體等胞器。）

某些特化的細菌及古細菌，甚至棲息在海底深海熱泉區的火山壁上，在接近甚至超過沸點的水中繁殖③。其中一種名叫 *Pyrolobus fumarii* 的細菌，是目前已知超嗜熱生物（**hyperthermophile**）的世界冠軍。它能在攝氏一百一十二度高溫下繁殖，最適合的生長溫度則爲攝氏一百零五度，如果溫度降到攝氏九十度以下，它們就會因爲太冷而停止生長。見識到這種奇特的能耐，微生物學家不禁要問，會不會還有更極端的極嗜熱生物（**ultra-thermophile**），生存在攝氏二百度的地熱水中，或者更高溫的地方。畢竟，地球上確實有這般高溫的有水環境。例如，在 *Pyrolobus fumarii* 菌落附近的海底熱泉，溫度就高達華氏三百五十度。目前科學家相信，包括細菌和古細菌在內的所有生物，耐受溫度上限約爲攝氏一百五十度，一旦超過這個溫度，DNA以及組成生命所需的蛋白質將會崩解，而這是生物體無法承受的。但是，除非有關極嗜熱生物（而非僅僅是超嗜熱生物）的研究已經做得透透徹徹，誰也不敢斷言生物眞的具有所謂耐熱極限。

超低適應極限

經過三十多億年演化，細菌和古細菌不斷將生理適應的極限往各個方向推展。譬如說，有一種嗜酸性細菌，能在黃石國家公園的熱硫磺泉水中滋生。相對的，在酸鹼值的另一端，也有嗜鹼性生物活在世界各地富含碳酸鹽化合物的鹼水湖裡。嗜鹽性生物則是生理特化能適應鹽分飽和的湖泊以及水分蒸乾的池子。另外還有嗜壓性生物，群聚在海洋最深處的海底。一九九六年，日本科學家利用無人操作的小潛水艇，在世界海洋最深處，也就是馬里亞納海溝的挑戰者谷地（深度爲一萬零九百公尺），蒐集到一些谷底的淤泥④。在這份樣本中，科學家發現好幾百種細菌、古細菌以及眞菌。樣本送達實驗室後，其中有些細菌還是能在與挑戰者谷地同樣高壓的環境中生長，也就是一千倍於海面壓力的環境。

無論就哪一個層面來看，生理彈性最驚人的應該要算 *Deinococcus radiodurans* 這種細菌，它們能生活在極強的輻射之下⑤，即便輻射強到使以耐熱著稱的 Pyrex 燒杯都變色、脆化，它們還能存活。人體如果暴露在一千雷得劑量的輻射下（相當於長崎和廣島原子彈爆炸所釋放的輻射劑量），一到兩週內就會死亡。但是在一千倍於這個數值，也就是一百萬雷得劑量下，雖說生長速度會變慢，所有 *Deinococcus radiodurans* 都還能存活。如果輻射劑量再增強到一百七十五萬雷得，這種細菌仍有三七%存活，甚至在三百萬雷得的劑量下，還能找到少數倖存者。

這種超級菌的秘密武器，在於擁有非凡的DNA修補能力。所有生物都擁有一種特別的酵素，能修補損壞的染色體段落，不論是輻射、化學傷害或是意外事件造成的。常見的人體腸道菌大腸桿菌（*Escherichia coli*），能同時修補二到三處破損。前面提到的超級菌則可同時修補五百處破損。至於它們到底運用了什麼特殊分子技術，目前還不得而知。

Deinococcus radiodurans 和它的近親，不只是嗜絕境生物，而且還是了不起的通才及大旅行家，它們曾被發現存在於駱馬的糞便中、南極大陸的岩石中、大西洋鱈魚的組織裡，以及一罐經俄勒岡科學家以放射線照射過的碎豬肉和牛肉罐頭中。它們屬於獨特的一群（其中也包括 *Chroococcidiopsis* 屬的氰細菌），能在少有生物存活的地區滋長。它們是被地球放逐的流浪者，在最惡劣的環境下求生存。

外太空生物的存在

由於擁有超低極限，超級菌也是太空旅行的理想候選者。微生物學家已經開始探討，最堅韌的微生物是否有可能飄離地球，藉由平流層的風力送至眞空的太空中，最後落腳繁殖於火星地表。反之亦然，原產火星的微生物是否也可能在地球聚生。這就是宇宙撒種論⑥的源頭，一度被視爲荒誕不經，如今可能性卻大增。

同時，長期尋找其他星球生命證據的太空生物學家，也因超級菌而重新燃起希望。另外一項刺激，則來自發現亞表土無機自營微生物生態系（簡稱SLIME）⑦，這個奇特的群落是由細菌及真菌所組成，棲息在地表下火成岩的礦物粒孔隙中。它們生長於地下三公里或更深的地底，能量來自無機化學物。由於不需要一般動植物（指依賴陽光獲取能源的動植物）所產生的有機物質，因此SLIME完全可以不靠地表來生存。也因此，即使我們所知的生物都絕種了，這些地底穴居微生物還是可以繼續過活。時間夠久的話，例如十億年之後，它們很可能會演化出能夠移居地表的新物種，重新組合出大災難降臨前由光合作用所推動的生物世界。

對於太空生物學家來說，SLIME最重要的意義在於，它們大大提高了其他星球也有生命的可能性，尤其是火星⑧。在火星那紅色的地表深處，可能正棲息著SLIME或是相當於它的外太空生物。火星在早期還有水的年代，具有河流和湖泊，可能還有時間演化出火星自己的地表生物。

根據一項最新估計，從前火星上的水量足以覆蓋整個火星表面達五百公尺深。其中有些（或者大部分）水分，可能還保存在永凍層中，被我們的登陸小艇所觀察到的塵土遮蔽著，又或者，在火星地表的深處仍然保存著液態水。但是有多深呢？物理學家相信火星內部的熱能足以維持液態水的存在。這些熱能來自衰變中的放射性礦物，以及最初小型宇宙碎片組合成火星時所殘留的重力熱（gravitational heat），還有較重元素下沉以及較輕元素上升的變化所產生的重力能量。最近有一項綜合多因素的模型顯示，在火星表層的地殼中，每深入地下一公里，溫度就提高約攝氏二度。據此推算，水分在距離地表數十公里處就會液化。但是有些水分還是可能不時從含水層冒出來。二〇〇〇年，人造衛星以高解析度的攝影機掃描火星，發現上面有小型侵蝕谷的痕跡，可能是最近幾百年甚至幾十年前，因水流沖刷而留下的。

如果眞有火星生物，不論是自己源起，或是源自地球來的太空物體，其中必定包括嗜絕境生物，因爲有些嗜絕境生物是生態上完全獨立的單細胞生物，有辦法在永凍層甚至更下方的地層中存活。

太陽系裡另一個可能有外太空生物的地方，在於木星的第二顆衛星歐羅巴（木衛二）。木衛二爲冰層所覆蓋，地表有長長的裂縫，並布滿了隕石撞擊的坑洞，顯示地表下可能有鹹水海洋或是摻和泥漿的冰層。證據顯示，木衛二內部確實很可能存有熱量，熱量的源頭則來自於和鄰近的木星、木衛一（依歐）及木衛四（卡利斯多）發生重力拉扯所致。地表上的主冰層也許厚達十公里，但是卻和湧出液態水的較薄地層相交，而這裡的地層薄到能形成一片如冰山般的平板。類似ＳＬＩＭＥ的自營生物是否會因此漂游到木衛二的地下海洋中？對於行星科學家和生物學家來說，這點顯然很有可能，值得仔細研究。而且也夠實際，值得去測試——如果我們的登陸艇能夠緩緩降落，探勘湧水的地表裂縫，並鑽探覆蓋其上的薄冰層的話。

至於第二號候選者，是條件稍微遜色的木衛四，也就是距離木星最遙遠的一顆大衛星，它的冰凍地殼可能厚達九十六公里，而下方的鹹水海洋可能藏在十九公里的深處。

在地球上，最接近想像中的木衛二和木衛四海洋的地方，則是南極洲的佛斯托克湖⑨。佛斯托克湖的面積和安大略湖相當，深度達四百六十公尺，位於南極大陸最邊遠的東南極洲冰層（East Antarctic Ice Sheet）底下約三公里處。它的年代起碼有一百萬年之久，一片漆黑，壓力極強，而且與其他生態系完全隔絕。如果說地球上有什麼環境是不毛之地，那必定非它莫屬。然而，在這個隱蔽的小世界裡還是有生物。科學家最近鑽探採集到深達一百八十尺、與佛斯托克湖相接的冰河樣本。最底層的樣本中，含有一小撮各式各樣的細菌及眞菌，幾乎確定是由其下的湖水而來。鑽子並未伸入這液態湖水中。因爲科學家擔心會污染到這片地球上僅存的原始棲境。佛斯托克計畫雖然沒有告訴我們太多關於外太空生物的可能性，但卻是一個先遣計畫，類似本世紀很可能會執行的火星及其衛星木衛二和木衛四的探測計畫。

假使外太空的自營生物和地球上的一樣，不需要借助陽光。它們是否也可能在如地府般幽黑的環境中，生長出某種形式的動物？提到這個，令人馬上聯想起如同甲殼類般吃食微生物的動物，然後是體型較大，像是魚類的動物在追逐著甲殼類。最近一項地球上的發現顯示，像這樣獨立演化出複雜生命形式的過程，確實有可能發生。

羅馬尼亞的莫維爾洞窟已經由外往內封閉了起碼五百五十萬年。這段期間，它內部顯然還是能從交疊的岩石縫隙中，得到氧氣，但是沒有接收任何來自外界的有機物質。雖說世界上大部分洞穴裡的奇怪生物，起碼都有一部分能源是來自外界，但是這種情況絕不可能發生在莫維爾洞窟。這兒的能源基礎爲自營細菌，它們能代謝岩石中的硫化氫。以這些細菌和彼此爲食的動物，不少於四十八種，當洞窟開挖後，其中三十三種動物還是科學上的新種。裡頭的微小草食動物，相當於外界吃食植物爲生的動物，包括鼠婦、彈尾蟲、馬陸及蠹蟲等。專門獵殺這些微小草食動物的肉食動物，則有擬蠍類、蜈蚣及蜘蛛等。這些構造較複雜的生物，是源自洞窟被封閉前進入其中的生物。

另外一個例子，雖說並未完全和外界隔絕，但同樣是有如陰間地府般黝暗的體系，那就是位於墨西哥南方塔巴斯科的嘉帕斯高地邊界的燈屋洞穴。這兒也是一樣，能源基礎在於自營細菌的新陳代謝。這些細菌附著在洞穴內壁上，一層又一層的，靠著硫化氫過活，同時也供養各式各樣的小型動物⑩。

關於生物分布的研究，可以從地球生態系裡物種繁殖以及相互適應的各種方式中，找出許多基本的模式。第一，也是最基礎的原則是，只要是有生命存活的地方，不論是地表或地底深處，都找得到細菌和古細菌的蹤跡。第二，只要有容得下蠕動或游動的空間，小型原生動物及無脊椎動物便會入侵，來吃食微生物以及彼此相殘。第三，空間愈大，生活其中的最大型動物的體積也愈大，空間範圍可以一直擴大到最大的生態系，像是草原或海洋。最後一點，生物多樣性最高（以物種數目來衡量）的棲地，是終年日光能源最豐富的地區，是冰雪最少的地區，是地理環境最多變的地區，同時也是長期氣候最穩定的地區。因此，位於亞洲、非洲和南美洲的赤道熱帶雨林，擁有數量最多的動植物種類。

且不論規模大小，所有地方的生物多樣性都可以歸併成三個層次。最上層的是生態系，像是雨林、珊瑚礁及湖泊等。其次爲物種，它們是組成生態系的成分，從海藻到鳳蝶，到海鰻，到人類。最下層則是各式各樣的基因，它們是每個物種中個體的遺傳組成。

蓋婭生物圈

每個物種和它所屬群落⑪之間，都具有獨特的連繫，連繫的方式包括該物種與其他物種間的消費、被消費、競爭、以及合作關係。同時，它也會藉由改變土壤、水分與空氣，而間接影響到群落。生態學家把這整個體系看成一個不斷從周邊環境輸入並輸出能量和物質的網絡，周而復始，創造出我們人類賴以生存的永恆生態循環系統。

要辨識出一個生態系統並不難，尤其是實體上獨立的生態系，例如一片溼地或是高山草原。但是，它的生物、物質以及能量動態網路是否與其他生態系相連呢？一九七二年，英國發明家兼科學家洛夫洛克宣稱，事實上，整個生物圈緊緊相繫，可以視爲一個包裹地球的超級生物⑫。而他把這個實體命名爲蓋婭（Gaia），源自古希臘女神Gaea或是Ge，蓋婭是施夢者，是地球的神聖化身，是地球教派的目標，也是山、海及十二名巨人的母親。把生命看成這樣一個完整的大體系，自有它的好處。在太陽系衆行星之中，地球的物理環境由於具有生物而保持微妙的平衡，如果沒有生物，情況絕對不會是現在的樣子。許多證據顯示，有些個別物種甚至能對全球造成重大的衝擊。最明顯的例子是海洋的浮游植物，成員包括微生物、光合細菌、古細菌、以及藻類，它們是世界氣候的調控者。科學家相信，單憑藻類所產生的二甲基硫，便是調節雲生成的重要因素之一。

關於蓋婭生物圈理論有兩種版本：一種強烈，一種溫和。強烈版本相信，生物圈其實是一個超級生物，裡頭每一個物種都會儘量維持環境穩定，然後再從整個系統的平衡中得益，就像身體裡的細胞或是螞蟻窩中的工蟻般。這種比喻眞是很可愛，有它的事實根據，將超級生物的想法擴展到極致。然而，包括洛夫洛克在內的生物學家，通常不採用這個強烈版本做爲工作準則。反觀溫和版本，認爲某些物種會廣泛傳播，甚至影響到整個地球，就顯得眞實得多。也因爲這個理論廣被接受，刺激出重要的新研究計畫。

看看總生物體，「詩人」問道，蓋婭的子女是誰？

「生態學家」的反應是，物種就是。我們必須知道每個物種在整個體系中所扮演的角色，才可能知道如何智慧地管理地球。

「分類學家」則加上一句，那麼讓我們開工罷。總共有多少種物種？它們都棲息在世界哪些角落？它們的遺傳血緣又是如何？

分類學家，也就是專門擅長分類的生物學者，喜歡用「種」做爲計算生物多樣性的單位。他們建立的分類體系⑬，最早是由十八世紀中葉瑞典博物學家林奈（Carolus Linnaeus, 1707-1778）所發明的。在林奈的分類系統中，每個物種都擁有兩個一組的拉丁文名字，例如灰狼的學名叫做 *Canis lupus*，其中 *lupus* 爲種名，*Canis* 則爲屬名，意思是犬屬，包括狼與狗。同樣的，所有人類學名都叫做 *Homo sapiens*（智人）。目前在 *Homo* 屬（人屬）中，只有我們人類一個成員，但是在二萬七千年前，人屬裡還包括 *Homo neanderthalensis*（尼安德塔人），他們的年代比眞人早，當時生活在被冰河圍困的歐洲大陸上。

物種是林奈分類系統的基礎，也是傳統上生物學家用來辨識生命的單位。接下來，從屬一路往上的分類階層，只是用來主觀並粗略描述物種近似程度的方法。因此，當我們說 *Homo neanderthalensis* 時，我們指的是一個很接近 *Homo sapiens* 的物種；當我們幫一種古代人猿命名爲 *Australopithecus africanus*（非洲南猿）時，我們指的是，這種動物和 *Homo* 屬裡的動物很不相同，因此另外歸入 *Australopithecus* 屬（南猿屬）。而當我們斷言這兩個屬中的三種動物屬於人科動物時，意思是他們頗爲相似，因此可以歸入同一個 Hominidae 科，也就是人科。和人科關係最親近的則是 *Pan troglodytes*（黑猩猩）以及 *Pan paniscus*（侏儒黑猩猩）。牠們彼此十分相像，而且擁有頗近期的共通祖先，所以被歸入同一個 *Pan* 屬（黑猩猩屬）。同時，牠們和人科動物又都有相當的差異，共通祖先要往前推到老遠，因此牠們和人類不只不同屬，甚至被編入另一個 Pongidae 科（巨猿科）。巨猿科裡還包括猩猩屬，以及涵蓋兩個種的大猩猩屬。

於是，我們一邊遊走在地球生物多樣性的網絡中，一邊用命名法來辨識生物。一旦弄懂林奈命名法，就不難掌握分類上更高階的部分了。林奈系統建構更高階分類層級的方式，基本原則與陸軍戰鬥部隊相同，由班到排，然後是連，再來是營和旅，最後則到師和軍團。

就拿灰狼為例⑭，牠是犬屬，和一般狗及狼同屬；接著又和包括郊狼及狐狸的幾個屬一同歸入犬科。然後，犬科和包括熊、貓、鼬鼠、浣熊及鬣狗在內的其他幾個科，一同編入食肉目。目之後是綱，哺乳綱便涵蓋了食肉目以及所有其他的哺乳動物。然後綱再編入門，在這個進階中，涵蓋了哺乳動物以及其他所有脊椎動物的脊索動物門，便和沒有脊椎的蛞蝓及海鞘同個等級了。因此，門再歸入界（計有細菌界、古細菌界、原生生物界、眞菌界、動物界以及植物界）。最後，再將地球上所有生物總結區分為三域⑮：細菌域、古細菌域以及眞核生物域（眞核生物域涵蓋了原生生物、眞菌、動物、以及植物）。

然而，還是一樣，眞正可以看到、可以估算的實體單位仍是物種。就像野戰部隊，他們就在那裡，等著你來數，不管你怎樣幫他們編組或是命名。世界上到底有多少種生物？已發現並命名的約在一百五十萬到一百八十萬種之間。到目前為止，還沒有人眞正數算過去這兩百五十年來，所有已發表的分類文獻中的物種數目。不過，有一點我們倒是很清楚：不論這份名單有多長，它都只能算是剛起頭。隨著估算方法的不同，生物物種的數目約有三百六十萬到一億或是更多。估計值的中位數爲一千多萬種，但是少有專家敢冒名譽掃地的危險，來堅持某個數字，即便把單位縮小到百萬都不敢。

探索不盡的地球生物

事實上，我們的確才剛剛開始探索地球生物。我們知道的到底多有限，可以從 *Prochlorococcus* 屬的細菌看出端倪，它們據稱是地球上數量最豐的生物[16]，而且是海洋中的主要生產者，但直到一九八八年才被科學界發現。*Prochlorococcus* 菌的細胞以每毫升七萬到二十萬的密度，在水域中隨波逐流，靠著從陽光中捕捉能量來繁殖。由於體積極小，使得它們格外不顯眼。它們屬於很特別的一群，叫做 **picoplankton**，比一般細菌還小，即使在最高的光學倍率下，也幾乎看不見。

在藍色的海洋中，充滿了新奇且人們所知不多的其他細菌、古細菌以及原生生物。一九九〇年代，當研究焦點開始集中在它們身上時，科學家才發現這些生物遠較先前想像的豐富和多樣。這類微小世界許多都存在於先前沒人注意到的物質中[17]，諸如束狀的膠質聚合體、細胞碎片、以及半徑從十億分之幾到百分之幾公尺的聚合物等等。這些物質裡頭，有些富含營養物，能吸引分解細菌以及它們的獵食者（其他的小細菌和原生動物）前來。我們眼睛所見的海洋，看起來一片清澈，不時有魚兒和無脊椎動物在底下來來往往，但事實上並非我們所想像的那樣。我們肉眼看到的生物，只不過是生物量[18]金字塔頂端的小點。

不論在地球上的哪一種環境中，體積愈小的物種，被了解的程度也愈低。分布幾乎和微生物一樣廣泛的眞菌，目前已知並命名的便有六萬九千種，但是據信還有一百六十萬種存在⑲。線蟲也是一樣，雖然占據了地球動物種類的五分之四，而且也是分布最廣的動物，卻只有一萬五千種已知，餘下好幾百萬種有待發現⑳。

在生物學的分子生物革命期間，也就是差不多整個二十世紀後半，分類學被認定是落伍的學門。它被丟在一邊，苟延殘喘。如今，改頭換面的林奈事業似乎又被視爲崇高的探測活動，而分類學也重新回到生物學的中心位置。造成分類學中興的原因很多。首先，分子生物學提供了很理想的工具，加快了發現微生物的速度。此外，在遺傳學和演化樹的建構方面，透過新科技的幫忙，現在能夠以更快速、更令人信服的方式追蹤生物的演化軌跡。這一切都來得正是時候。由於全球環境危機，完整並確實描繪生物多樣性，儼然成爲迫切的要務。

在生物多樣性探測行動中，一個有待開發的領域是海床，從浪頭到海底深淵，共占據了地表的七〇%。所有已知的三十六個動物門，在海裡都有，反觀陸地，只有其中十個門的動物。其中最常見的是節肢動物，或是昆蟲、甲殼類、蜘蛛、以及牠們千奇百怪的親戚；另外還有軟體動物，像是蝸牛、蚌類以及章魚。驚人的是，過去這三十年來發現了兩個新的海洋動物門：第一個是胸板動物門（Loricifera），形狀如同縮小的子彈，身體中央環繞著一圈腰帶般的條紋，最早是在一九八三年發現；再來則是有口環動物門（Cyclio-phora），這種體型圓胖的共生動物專門棲息在龍蝦的嘴裡，濾食宿主吃剩的食物，最早是在一九九六年被人發現㉑。

環繞在胸板動物和有口環動物身邊，而且深藏在淺海淤泥中的，則是彷彿愛麗絲漫遊奇境中的動物，稱做海底小動物相（meiofauna），但是大部分都是肉眼難辨的。這些奇異動物包括腹毛類、顎口類、動吻類、緩步蟲、毛顎類、扁薄動物、直游蟲，再加上線蟲以及形狀像蟲的纖毛原生動物㉒。在世界上任何一處海邊，在潮間帶或離岸的水窪中，隨便挖一桶沙，就可以找到牠們的芳蹤。

所以啦，想要發現新動物的人，不妨花一天時間到最近的海灘去。記著攜帶陽傘、水桶、小鏟子、顯微鏡以及無脊椎動物圖鑑。別堆沙堡了，專心探索吧！沉醉在這個水中小宇宙時，別忘了十九世紀的英國物理學家法拉第（Michael Faraday, 1791-1867）曾經說過，這世界真是無奇不有！他說得一點都沒錯。

發現新種

即使是最常見的小型生物，人類研究的程度也不如想像中深入。目前約有一萬種螞蟻是已知並正式命名的，但是如果熱帶地區探索得更徹底，這個數值可能會增加一倍。最近我正在研究大頭家蟻屬（*Pheidole*，世界最大的兩個螞蟻屬之一）的螞蟻，發現了三百四十一個新種，不但使該屬物種增加了一倍多，而且還使得西半球已知螞蟻種類增加了一〇%。當我於二〇〇一年發表這篇專題論文時，新的物種還在不斷加進來，大多是由我研究螞蟻的同行們在熱帶地區蒐集到的。

在某些大衆娛樂節目裡，常常會出現下列場景：科學家發現了一種新的植物或是動物（也許是經過一場艱辛的跋涉，前往委內瑞拉的奧利諾科河支流之類的）。只見他的組員們在基地營大肆慶祝，一邊開香檳，一邊以無線電向國內報佳音。我敢說，眞實的情況絕對不是這麼回事。爲數有限的分類學家，各自專精於不同種類的生物，從細菌、眞菌到昆蟲，幾乎個個都被「準新物種」所淹沒。他們多半獨自作業，費盡力氣整理採集品，一邊還要勉強擠出時間，來發表他人送交鑑定的準新物種中的一小部分。

就算是傳統一向備受田野生物學家偏愛的開花植物，也還有一大堆等待發現的物種。全世界經描述過的物種約有二十七萬二千種，但是眞正的數目可能在三十萬種以上。每年約有兩千個新物種加入植物學標準參考文獻《植物學名暨命名資料庫》（*Index Kewensis*）。即使這方面研究最透徹的美國和加拿大，每年都不斷產生約六十個新種㉓。有些專家相信，北美洲應該還有五%的植物沒被發現，單是物種豐富的加州應該就有不只三百種。

新種植物通常很罕見，可是外型不見得不搶眼。有些新種，例如最近發現的薔薇科植物 *Neviusia cliftonii*，就美麗得足以當做觀賞植物。但是大多數新種的外型確實平凡。一九七二年發現的百合花科植物 *Calochortus tiburonensis*，生長的地點距離舊金山市區不過十英里。另外，一九八二年，二十一歲的業餘採集者莫菲爾德（James Morefield），也在阿拉巴馬州亨次維近郊找到一種前所未見的鐵線蓮（*Clematis morefieldii*）。

由於環境消失的緊迫感，動物界的探測活動更加深入，也發現了數量驚人的新種脊椎動物，然而其中許多新物種才剛發現，就登上瀕臨絕種的名單。全球兩棲類動物的種類㉔，包括青蛙、蟾蜍、山椒魚，以及比較罕見的盲螈，在一九八五年至二〇〇一年間，增加了近五分之一，總數從四〇〇三種增到五二八二種。毫無疑問的，該數值將來很可能突破六千種。

發現哺乳動物新種的速度也同樣有進展㉕。過去二十年間，採集者長途跋涉到遙遠的熱帶地區，專注於一些不起眼的小型動物，像是無尾蝟和尖鼠，就讓全球哺乳動物種類由四千種左右增加到五千種。一九九六年七月，巴登（James L. Patton）打破了近五十年來哺乳動物新種發現速度的紀錄。不過在哥倫比亞的安地斯山脈努力了三週，他便一舉發現六個新物種，包括四種鼠類，一種地鼠，一種有袋類。即使是靈長類動物，包括猿類、猴子和狐猴這些被探尋得最勤的哺乳動物，也都有新發現。單是一九九〇年代，米特邁爾和同事們就幫原先已知的兩百七十五種靈長類，多加了九個新種㉖。爲了研究，米特邁爾踏遍全球熱帶雨林，據他估計，起碼還有一百種靈長類等待我們去發現。

陸域大型哺乳動物的新種比較罕見，但還是會找到幾樣。近年來最令人驚訝的或許要算一九九〇年代中，在越南和寮國之間的安南山脈所發現的不只一種，而是四種大型動物

㉗。包括有條紋的野兔，七十五磅重的麂，以及另一種體型較小、三十五磅重的麂。但是最令人驚異的是重達兩百磅長得像牛的一種動物，當地人管牠叫 saola，或是 spindlehorn，動物學家則命名爲福昆羚（Vu Quang bovid）。五十多年來，這是第一次發現這麼大型的陸域脊椎動物。福昆羚和目前已知所有有蹄類哺乳動物的關係都不密切。因此牠自成一屬，叫做僞羚羊屬（*Pseudoryx*），因爲牠的外形和一種大型非洲羚羊頗爲相像。據信目前僅存有幾百隻福昆羚。牠們的數目銳減，一方面可能是被當地人獵殺，另方面則可能是生存林地遭到砍伐所致。從那以後，科學家再也沒有觀察到野生的福昆羚，只在一九九八年，有一部架設野外的照相機捕捉到一張福昆羚的照片。此外，一名獵人曾經捉到一隻母福昆羚，送進寮國萊克索（Lak Xao）動物園，但只住了一段很短的時間，就死掉了。

幾百年來，鳥類一直是最受人關注且了解最深的動物，但是直到現在，鳥類新種依然以穩定速度出現。一九二〇到三四年，是鳥類田野調查的黃金年代，平均每年都有十個新種提出來。到了一九九〇年代，數值降到每年二到三種，但是發現速度還是滿穩定的。到了二十世紀末，全球正式命名的鳥種約在一萬種㉘。

後來，一場出人意表的田野調查革命，爲新物種統計開啓了一條新路。鳥類專家早就發現有許多姊妹種（sibling species）的存在，所謂姊妹種，是指某個族群在諸多傳統分類特徵上，與另個族群非常相似，例如體型大小、羽毛以及鳥喙形狀；但是在其他同等重要、只能在野外觀察到的特徵上，卻又極不相同，像是偏好的棲息地以及求偶叫聲等。傳統區分鳥類（以及大部分動物）物種的標準，來自生物學上對物種的定義：兩個族群如果沒有辦法在天然環境下自由交配，便屬於不同的物種。隨著野外研究經驗的累積，科學家愈來愈了解遺傳隔離的族群。於是，有些老物種最近被細分為多個物種，包括常見的柳鶯屬（*Phylloscopus*，歐洲和亞洲的鶯科鳥類），以及更引人爭議的北美交嘴雀。

有一個很重要的新分析法叫做播放鳴聲法（song playback），由鳥類學家先錄下其中一族群的鳴聲，然後再播放給另一族群聽。如果這兩種鳥類對於彼此的叫聲不感興趣，就可以合理推論牠們屬於不同種，因為牠們即使在自然界中巧遇，也不會交配。由於播放鳴聲法，鳥類學家現在不只能評估相同棲息區域的族群，也得以評估棲息在不同地區、先前被視為地理種㉙或亞種的鳥類族群。毫無疑問，鳥類種數最後一定會突破兩萬大關。

生物多樣性的絢爛

科學家相信，全球半數以上的動植物存活在熱帶雨林中。這些在生物多樣性方面與麥克馬多乾谷恰恰相反的天然溫室，產生出許多破世界紀錄的生物多樣性報告㉚：譬如說，在巴西的大西洋森林中，一公頃土地上竟生長了四百二十五種樹木；另外，在秘魯的馬奴國家公園的某個角落，居住了一千三百種蝴蝶。這兩個數值都比歐洲和北美類似地區高出十倍。螞蟻的世界紀錄出在秘魯境內亞馬遜流域的一條森林小路上，在這兒，十公頃面積裡竟有三百六十五種螞蟻。同樣這個地區，我曾經在一棵樹木上辨識出四十三種螞蟻，這個數目剛好等於英倫群島上已知螞蟻種類的總數。

這類令人印象深刻的統計數字，也包括世界上其他主要區域中某些生物的豐富度。印尼地區，單單一個珊瑚就可以棲息著數百種甲殼動物、多毛綱蟲以及其他無脊椎動物，外加一兩隻小魚。有人在紐西蘭的溫帶雨林內，發現一株巨大的羅漢松上，竟然附生了二十四種藤蔓及草本植物，打破單一樹木上維管束附生植物的世界紀錄㉛。同樣的，北美地區某些闊葉林中，一平方公尺內就聚生了不下兩百種蟎、蜘蛛般的小型甲殼動物。同個地點內，一公克泥土（大概是拇指和食指捏起的量）裡面就含有數千種細菌。其中有些正快速分裂增殖，但是大部分都處於潛伏期，各自等待最適合它們的環境組合，包括特定的養分、濕度和溫度。

你並不需要長途跋涉，甚至不必從椅子上站起來，也可以經歷生物多樣性的絢爛豐富。因為你本身就像是一個熱帶雨林。在你的眼睫毛根，很可能就有極小型長得像蜘蛛般的蟲蟎所築的巢。你的腳指甲上，也有一堆眞菌的孢子和菌絲正在等待最佳時機，以便發展成一座小人國裡的森林。你體內大部分的細胞不僅僅屬於你，它們也屬於細菌和其他微生物。另外，大概有超過四百種微生物以你的口腔為家㉜。但是不用緊張：你體內所攜帶的原生質大部分還是人類的，因為微生物細胞實在太小了。每一次當你磨擦掉鞋子上的塵土或是水坑濺起的爛泥，裡面就有一大堆科學界還未發現的細菌或是什麼其他的小生物。

這，就是覆蓋著地球以及你我的生物薄膜。它是大自然賞賜我們的奇蹟。同時也是我們的悲劇，因爲其中一大部分，在我們認識它、學會怎樣好好欣賞、利用它之前，已經永遠的消失了。

【注釋】

①原注：描述過麥克馬多乾谷（McMurdo Dry Valley）生物的文章有：John C. Priscu, *BioScience* 49 (12): 959 (1999); Ross A. Virginia and Diana H. Wall, *ibid.*: 973-83; and Diane M. Mcknight et al., *ibid.*: 985-95。在此我要感謝 Diana Wall 提供有關蟎和彈尾蟲在乾谷的最新研究（私下意見交換）。

②原注：關於南極海域浮冰生物的最新研究，可參考：Kathryn S. Brown, *Science* 276: 353-4 (1997); Alison Mitchell, *Nature* 387: 125 (1997); and James B. McClintock and Bill J. Baker, *American Scientist* 86 (3): 254-63 (1998)。

③原注：關於居住在接近甚至高於沸點的水中的嗜熱微生物，以及其他嗜絕境生物，參見：Michael T. Madigan and Barry L. Marrs, *Scientific American* 276 (4): 82-7 (April 1997)。

④原注：有關世界最深海床挑戰者谷地（Challenger Deep）的生物研究，可參考：Richard Monastersky, *Science News* 153 (24): 379 (1998)。

⑤原注：關於抗輻射能力超強的細菌*Deinococcus radiodurans*，可參考：Patrick Huyghe, *The Science* 38 (4): 16-19 (July/August 1998)。

⑥譯注：宇宙撒種論（panspermia）主張地球的生命起源於外太空的細菌或種子。只要環境合適，這些生物就能繁衍。

⑦原注：關於地底深處的亞表土無機自營微生物生態系（subsurface lithoautotrphic microbial ecosystem，簡稱SLIME），請參考：James K. Fredrickson and Tullis C. Onstott, *Scientific American* 275 (4): 68-73 (October 1996); W. S. Fyte, *Science* 273: 448 (1996); and Richard A. Kerr, *Science* 276: 703-4 (1997)。

⑧原注：關於搜尋火星及木星衛星歐羅巴上頭的生物，請參考：Kathy A. Svitil, *Discover* 18: 86-8 (May 1997); Richard A. Kerr, *Science* 277: 764-5 (1997); Michael H. Carr et al., *Nature* 391: 363-5 (1998); Robert T. Pappalardo, James W. Head and Ronald Greeley, *Scientific American* 281 (4): 54-63 (October 1999); Christopher F. Chyba, *Nature* 403: 381-2 (2000)。我要感謝Matthew J. Holman提供火星內部熱能的資訊，以及建議我參考最新最關鍵的模型：F. Sohl and T. Spohn, *Journal of Geophysical Research* 102 (E1): 1613-35 (1997)。

⑨原注：關於南極洲佛斯托克湖（Lake Vostok）的生物請參考：Warwick F. Vincent, *Science* 286: 2094-5 (1999); and Frank D. Carsey and Joan C. Horvath, *Scientific American* 281 (4): 62 (October 1999)。

⑩原注：關於羅馬尼亞的莫維爾洞窟（Movile Cave）裡獨立生存的動植物，請參考：E. Skindrud, *Science News* 149: 405 (1996)。至於燈屋洞穴（Cave of the Lighted House）裡的生物相，則請參考：Charles Petit, *U.S. News & World Report* 124 (5): 59-60 (February 9, 1998)。

⑪譯注：群落（community），或稱群聚、群集，爲在同一時期、相同棲地上一起生活的各種生物之集合，此項觀念著重於生物彼此間的交互作用。

⑫原注：有關蓋婭的科學證據的一些評估報告：Jim Harris and Tom Wakeford, *Trends in Ecology & Evolution* 11 (8): 315-6 (1996); and David M. Wilkinson, *ibid.* 14 (7): 256-7 (1999)。蓋婭的最新研究可參考：*Gaia Circular* (Newsletter of the Society for Research and Education in the Earth System Science)。此一概念的創始者洛夫洛克（James E. Lovelock, 1919-）也在他的回憶錄 *Homage to Gaia: The Life of an Independent Scientist* (New York: Oxford Univ. Press, 2000) 中，詳述其歷史。

⑬原注：關於詳盡的分類原理以及物種的演化起源，請參考：Edward O. Wilson, *The Diversity of Life* (Cambridge, MA: Belknap Press of Harvard Univ. Press, 1992)——中譯本爲《繽紛的生命》，金恆鑣譯（天下文化）。

⑭譯注：現今生物學家所用的分類系統，主要有七個階層，分別是：界、門、綱、目、科、屬、種，種爲分類上最低的階層。階層愈高，包含的生物種類愈多，較低的階層包含的種類就較少，但彼此的構造特徵卻愈相似。書中以灰狼爲例：

界——動物界（Kingdom Animalia）

門—脊索動物門（Phylum Chordata）

綱—哺乳綱（Class Mammalia）

目—食肉目（Order Carnivora）

科—犬科（Family Canidae）

屬—犬屬（Genus Canis）

種—*Canis lupus*

⑮譯注：傳統生物分類學上，界被視爲分類的最高階層。隨著科技與知識的增進，生物學家不斷提出新的分類系統。此處爲依據生物的細胞構造、獲得營養的方式以及演化關係，所得出的六界系統，包括：細菌界（Bacteria）、古細菌界（Archaea）、原生生物界（Protista）、眞菌界（Fungi）、動物界（Animalia）和植物界（Plantae）。另外有些生物學家傾向將生物分爲三域（Domain），包括細菌域（Bacteria）、古細菌域（Archaea）和眞核生物域（Eukarya）。

⑯原注：關於超級豐富的海洋細菌 *Prochlorococcus*，請參見：Sallie W. Chisholm et al., *Nature* 334: 340-3 (1988); Conard W. Mullineaux, *Science* 283: 801-2 (1999)。

⑰原注：關於海洋中看不見的生物，可參考：Farooq Azam, *Science* 280: 694-6 (1998)。

⑱譯注：生物量（biomass），爲一地區內生物的總質量或總體積。例如某個海域所有魚類的總重量。

⑲原注：眞菌的多樣性研究請參考：Robert M. May, *Nature* 352: 475-6 (1991); and Gilbert Chin, *Science* 289: 833 (2000)。

⑳原注：線蟲的多樣性研究請參考：Claus Nielsen, *Nature* 392: 25-6 (1998); and Tom Bongers and Howard

Ferris, *Trends in Ecology & Evolution* 14 (6): 224-8 (1999)。

㉑原注：新發現寄居於龍蝦口中的有口環動物門，請參考：Simon Conway Morris, *Nature* 378: 661-2 (1995); and Peter Funch and Reinhardt M. Kristensen, *Nature* 387: 711-4 (1995)。

㉒原注：有關各類無脊椎動物的定義和描述請參考Richard C. Brusca和Gary J. Brusca所撰寫的教科書*Invertebrates* (Sunderland, MA: Sinauer Associates, 1990)。

㉓原注：關於美國和加拿大地區開花植物的持續發現，請參考：Susan Milius, *Science News* 155 (1): 8-10 (1999)。

㉔原注：兩棲類的多樣性請參考：James Hanken, *Trends in Ecology & Evolution* 14 (1): 7-8 (1999)。

㉕原注：關於新發現的哺乳動物，請參考：Bruce D. Patterson, *Biodiversity Letters* 2 (3): 79-86 (1994); and Virginia Morrell, *Science* 273: 1491 (1996)。

㉖原注：有關猴子和其他靈長類的新種數目，是由主要發現者之一米特邁爾（Russell A. Mittermeier）所提供（私下意見交換）。

㉗原注：關於越南的福昆羚以及其他大型哺乳動物，請參考：Alan Rabinowitz, *Natural History* 106 (3): 14-18 (April 1997); John Whitfield, *Nature* 396: 410 (1998); and Daniel Drollette, *The Sciences* 40 (1): 16-19 (January/February 2000)。

㉘原注：有關鳥種數目以及可能存在的新種數目，請參考：Trevor Price, *Trends in Ecology & Evolution* 11 (8): 314-15 (1996)。

㉙譯注：地理種（geographic race），由於地理障礙而與相同物種的其他族群分隔的一個族群，但在形態

上與其他族群相同，若有機會相遇，仍可交配繁殖後代。

㉚原注：關於樹木種類的紀錄，是由一組來自紐約植物園的人員於巴西巴伊亞州所建立的，可參見 James Brooke寫於紐約時報的環境單元(March 30, 1993)。關於蝴蝶的報告參見：Gerardo Lamas, Robert K. Robbins, Donald J. H arvey, *Publicaciones del Museo de Historia Natural, Universidad Nacional Mayor de San Marcos* (Ser. A: Zoologia) 40: 1-19 (1991)。

㉛原注：有關單株樹木上生長的藤蔓或寄生植物種類的世界紀錄（地點在紐西蘭），可參考：K. J. M. Dickinson, A. F. Mark, and B. Dawkins, *Journal of Biogeography* 20: 687-705 (1993)。

㉜原注：口腔寄生細菌資料可參考：Jane Ellen Stevens, *BioScience* 46 (5): 314-17 (1996)。

第二章　瓶頸

生物圈創造了每分鐘都在更新的世界，
而且保持在一種獨特的物理失衡狀態。
在這種狀態中，人類完全被束縛住。
我們不論朝哪個方向改動，
都會讓環境背離這首巧妙的生物舞曲。

二十世紀，是科技以指數成長的年代，是藝術被生氣勃勃的現代主義所解放的年代，也是民主和人權傳播全球的年代。但在同時，它也是黑暗而野蠻的世代，因爲期間出現了世界大戰、種族屠殺以及差點兒主宰世界的極權主義觀念。就在專注於這類熱鬧活動之際，人類也附帶摧毀了大部分的自然環境，而且還興高采烈地耗盡這顆星球上無法再生的資源。於是，我們一方面加速消除整個生態系，另方面也讓存在數十億年之久的物種加快滅絕。如果說地球供養人類成長的能力有限（事實上的確如此），那麼大部分人準是忙得沒有留意到。

新世紀的問題

隨著新世紀的展開，我們逐漸從這陣狂飆的氣氛中醒轉。如今，後意識形態正加速成形，我們或許已做好準備，要趕在地球毀滅前安頓好。現在是整頓地球的時候了，我們也該計算出地球需要提供多少資源，才能讓所有人在不確定的未來過著差強人意的生活。本世紀的問題在於：爲了我們自己以及供養我們的生物圈，我們要從揮霍的文化轉變爲永續文化時，最多能做到什麼樣的程度？①

但是底線爲何，頂尖經濟學家以及公衆哲學家的看法，卻大相逕庭。他們總是忽略一些眞正重要的數據。想想看，地球人口已超過六十億，而且本世紀中將突破八十億，每人所需的淡水和可耕地，已經下降到令資源專家擔憂的地步。生態足跡（爲了維持飲食、居住、能源、交通、商業及廢棄物處理等需求，每個人平均所消耗的生產地及淺海的面積）②，在開發中國家約為一公頃，但在美國卻高達九・六公頃。對全世界人類來說，生態足跡數值平均為二・一公頃。如果地球上每個人都要達到美國人以現階段科技產生的消費水平，那麼我們還需要四個額外的地球才夠。全球開發中國家的五十億人口可能永遠達不到這般揮霍的程度。但是為了要達到起碼的生活水準，他們也加入工業國家陣營，一塊兒消滅僅存的自然環境。在這同時，人類這種動物已經變成一股地球物理作用力，成為地球上有史以來第一種具備這項奇異特性的生物。我們令大氣中的二氧化碳濃度升高到起碼二十萬年來的最高點，擾亂了氮循環平衡，造成全球暖化，這對我們每一個人來說，都是壞消息。

簡單的說，我們已經踏入環境的世紀，在這兒，人們將不久的未來視為一個瓶頸。科學與技術，加上缺乏自知之明與舊石器時代留下的頑固，使我們陷入今天的境地。現在，靠著科學與技術，再加上遠見與道德勇氣，我們一定得度過這個瓶頸。

「且慢！請等一下下！」

那是經濟學家的吶喊。且讓我們仔細聽聽他要說什麼。你可以在《經濟學人》、《華爾街日報》、以及為企業競爭力研究所或是其他與政治有關的智庫所撰寫的無數篇白皮書上，讀到他的意見。我將儘可能公允地利用這些資料，綜合成他的態度，並辨識出隱含在這種老調裡的危險。他將會碰到一位生態學家，進行一場意氣相投的對話③。為什麼會意氣相投呢，因爲這個時機再來鬥爭或辯論，都太晚了。我們還是先以君子之心假設，經濟學家和生態學家都具有一個共通目標，那就是保住這個美麗星球上的芸芸衆生。

經濟學家注意的焦點在於生產和消費。他說，世界想要和需要的就是這個了。當然，他說得沒錯。每種生物都得靠生產和消費來生存。樹木尋覓並消耗氮氣和陽光，豹子尋找和吃食花鹿。農人則把上述二者都淸除掉，以便挪出空間來種玉米——爲的是消費。經濟學家的思維基礎在於精確的理性選擇模型，以及近乎水平的時間線。他的評估參數包括國內生產毛額（GDP）、貿易差額和競爭力指數。他通常任職於公司董事會，經常到華盛頓出差，有時上上電視的談話節目。他堅稱，這個星球的資源永遠不虞匱乏，還有得我們開發。

生態學家的世界觀則不同。他注意的焦點是作物生產供不應求、蓄水層枯竭以及備受威脅的生態系。他的聲音也傳得到政府高層以及企業圈子，只是比較微弱。他常常擔任非營利基金會的理事，幫《科學美國人》之類的刊物寫寫稿，偶爾也會奉召到華盛頓去。他堅稱，這個星球已經耗損殆盡，而且麻煩大了。

■經濟學家

「放輕鬆。儘管末日預測已經流傳了兩個世紀之久，人類現在還是享受著前所未有的繁榮。環境問題當然存在，但它們是可以解決的。不妨把它們想成進步道路上的碎石，必須清除乾淨。全球經濟前景一片美好。工業國家的國民生產毛額（GNP）還在持續上揚。亞洲小虎雖然歷經衰退，但現在正逐漸追趕上北美及歐洲。放眼全球，製造業和服務業經濟都以等比級數成長。一九五〇年以來，全球每人薪資及肉類產量都不斷攀升。這段期間，即便世界人口以每年一・八%的爆炸速度增長，穀類產量（貧窮國家半數以上食物熱量的來源，以及全球作物產量的傳統代表）的增加速度卻更快，從一九五〇年代初期的每人二百七十五公斤，成長到一九八〇年代的三百七十公斤。此外，開發中國家的造林速度，現在已經趕上或至少很接近森林砍伐的速度了。此外，雖然全球其他地區的纖維都減少得厲害（我承認這個問題很嚴重），但在可預見的未來，並不會出現全球缺貨的局面。人工造林法已經奉召趕來救援了：如今超過二〇%的工業用木材纖維是來自造林。

「社會進步和經濟成長是並行的。識字率一直在攀升，隨之而來的是婦女解放與擴權。被奉爲統治管理黃金準則的民主制度，也在國與國之間傳播。由電腦和網路所掀起的通訊革命，已加速促成貿易全球化及更爲和平的國際文化。

「兩世紀以來，馬爾薩斯④的陰魂始終困擾著未來學家的夢想。末日預言者說，以指數成長的人口，最終一定會超越世上有限的資源，帶來饑荒、動亂與戰爭。這種場面的確曾偶爾出現在某些地區。但引發原因比較是政治處理不當，而非馬爾薩斯的預測數字。人類的聰明才智總是能找到適應人口增長的方法，讓大多數人過好日子。綠色革命⑤戲劇性地提高開發中國家的作物產量，就是一個絕佳範例。而且只要新科技問世，它還可能再來一次。我們憑什麼懷疑人類沒有辦法保持上揚的走勢？

「天才加上努力，使得環境愈來愈適合人類生活。我們已經將一個原本荒涼且不適合居住的世界，翻轉成一座花園。地球注定要被人類掌控。在前進的當兒，我們終能緩和並扭轉之前所造成的傷害與紊亂。」

■ 生態學家

「沒錯，人類的處境在諸多層面都已獲得戲劇化的改進。但是你只描繪了一半場景，而且容我說一句，裡頭採用的邏輯顯然很危險。你的世界觀暗示，人類已經學會如何創造一個經濟導向的樂園。這點也沒錯，但前提是必須在一個無限寬廣且順服的星球上。然而你應該不難看出，地球是有限的，而且它的環境也愈來愈脆弱。就一個長程的未來世界經濟計畫而言，不應該著眼於國民生產毛額或公司年度報告這類數據。如果我們要了解眞正的世界，參考資訊一定得加上天然資源專家以及生態經濟學者的研究報告。他們才是擬定正確資產負債表的專家，而這份報表包括了地球因經濟成長付出的所有成本代價。

「這些新式分析家辯稱，我們不能再忽視經濟和社會進步對於環境資源的倚賴。這就是經濟成長的眞實意義，把自然資源列爲長期考量的因素，而非只考量產品和貨幣的生產量。一個國家要是伐盡自己的森林，汲乾自己的蓄水層，讓表土沖刷入河，而不去計算背後的經濟成本，等於是矇著眼睛往前走的國家。它面對的是搖搖欲墜的經濟前景。它所犯下的錯誤，就如同毀掉捕鯨業的錯誤。隨著獵捕技術的進步，每年捕獲的鯨魚數目一再增加，捕鯨業也因而欣欣向榮。但是鯨魚的數量卻同步減少，直到抓光爲止。許多種類的鯨魚，包括地球歷史上最大的動物藍鯨，都瀕臨滅絕。於是，大部分的捕鯨都被禁止。把這項辯論挪到地下水位下降、河流枯竭以及每人可耕地減少等問題上頭，你就知道我在說什麼了。

「如果一般估計的全球經濟產出，由現在的三十一兆美元，每年以正常速度增加個三%。到了二〇五〇年，理論上這個數值將變成一百三十八兆美元。這個數值如果不用大幅調整的話，按照目前的標準，全球人口將過著相當富裕的生活。看來，我們終於等到烏托邦了。上述推論的漏洞在哪裡？漏洞在於自然環境將在我們腳下崩潰。如果天然資源，尤其是每人平均淡水和可耕地以目前的速度減少，經濟繁榮將會失去動力，在這個過程中，爲了要增加具生產力的土地（這點也是我最憂心的），人類將會消滅世界上相當大部分的動物和植物。

「人類占用的具生產力的土地，也就是生態足跡，早就超過這個星球所能負擔，而這個數值還在增加之中。根據生態足跡理論，最近一項研究估計，大概在一九七八年，人口數目就已經超過了地球的承載力（capacity）。到了公元兩千年，人口與承載力的比數已經增加到一・四倍。即使我們按照一九八七年布倫特蘭報告⑥所建議的，現在把一二%的土地擱在一旁不使用，以維護自然環境，地球承載力將會更早、大概在一九七二年就被超越了。簡單的說，地球已經失去了再生的能力——除非全球消費量減低，或是全球生產量增加，又或是兩者齊頭並進。」

把上述兩極化的未來經濟觀編在一塊，我希望不至於暗示有兩種不同的思潮文化存在。其實所有關心經濟與環境的人士，包括大部分人士在內，都是同一種文化的成員。只不過，上述兩名辯論者的眼光，分別落在我們所居住的同個時空中的不同端點上。他們在預測世界的未來時，考量的因素不同，對未來看得遠近也不同，此外，他們對非人類生物的重視程度也不相同。現代大多數經濟學家，以及政治立場並非極端保守的經濟分析家，都很能認清世界自有它的極限，而且人口也不能再成長下去。同時，他們也知道，人類正在摧毀生物多樣性。他們只是不想多花時間來思考這個問題。

還好，環保人士的觀點很流行。或許現在我們不應該再稱這種觀點為環保人士觀點，因為聽起來好像是人類主流活動之外的遊說動作，我們應該稱它為眞實世界觀點。一個經濟體的報告和管理如果夠實際，應該會做到平衡考量。一般常用的國民生產毛額，應該被更詳實的眞實進步指標⑦所取代，後者包括因經濟活動所付出的環境成本。如今已有愈來愈多的經濟學家、科學家、政治領袖以及其他人士支持此一轉變。

那麼，什麼是人口與環境的基礎事實？根據現有資料，我們能夠回答上述問題，並清楚描繪出，人類以及其他生物正要通過一個什麼樣的瓶頸。

人口大爆炸

大約在一九九九年十月十二日，世界人口登上六十億。這個數字還在以每年一・四%的速度增加之中，增加人數約相當每天二十萬人，或是每週增加一個大城市的人口數⑧。人口成長率雖然已經放慢，但基本上仍呈指數增長：現有人數愈多，增生愈快，因此還是會有更多的人口，甚至更快的人口增加速度，除非趨勢能逆轉，讓人口成長率減少到零或是負值，否則人口數將如此循環邁向天文數字。這種指數級人口增長意味的是，一九五〇年出生的人，是最早親眼目睹人口數倍增的一群，從當年的二十五億增加到現在的超過六十億。單單在二十世紀期間增加的人口，比人類有史以來每一個世紀增加的人口總和都來得高。一八〇〇年的時候，世界人口數約爲十億，然而直到一九〇〇年，人口也不過十六億。

二十世紀人類數目增長的模式，與其說像靈長類，不如說更接近細菌的增長模式。當人類數目突破六十億大關，我們的生物量已遠遠超過陸地上曾經存活過的大型動物一百倍以上。我們和其他生物都禁不起再過一百年這樣的日子。

不過，二十世紀末，還是有些值得安慰的事。世上大部分地區的人們，包括北美和南美洲、歐洲、澳洲及大部分亞洲地區，早已開始謹愼地輕踩煞車。全球婦女平均生育子女數，已從一九六〇年的四・三名減少到公元兩千年的二・六名。要達到人口零成長，婦女平均生育子女數必須能讓出生率與死亡率平衡，才可以維持人口數的穩定，這個數據是二・一。（多出來的〇・一是爲了補足嬰兒及孩童死亡率）。如果婦女平均生育數目高於二・一，即使只高出一點點，人口還是會呈指數增加。換句話說，雖然生育數目逼近二・一時，人口數攀升幅度愈來愈平緩，然而理論上，全人類最後還是會和地球一樣重，而且如果時期夠長，人類總重量會超過全世界所有東西的總和。這個想像畫面，可以供數學家說明「人口成長率只要超過零，最後一定養不起」。

反過來說，如果平均生育數值掉到二・一以下，人口就會進入負向的指數成長，並開始減少。當然，把二・一訂爲關鍵數值，是太過簡化實際狀況了。醫藥及公共衛生的進步，可以將關鍵數值降到最低，來到完美的二・〇（沒有嬰兒及孩童死亡）；相反的，能大舉提高死亡率的饑荒、流行病及戰爭，也可以將該關鍵數值抬高到超過二・一。但是就全球來說，經過一段時期，區域性差異以及統計上的波動，會彼此互相抵消，最後壓倒一切的還是人口統計學鐵律。它傳達給我們的基本訊息永遠是：生育過量，地球會吃不消。

世界人口走向

到了公元兩千年，西歐所有國家的人口更新率（replacement rate）已經跌落到二・一以下。數值最低的是義大利，平均每名婦女生育一・二個子女（看看國家宗教教條的力量有多大呀）。泰國也過了這個魔術數字，美國非移民的本土族群也是一樣。

當一個國家的出生率降為零或更低時，它的人口數並不會馬上停止增加，因為關鍵點之前的正成長已經產生出一批為數眾多的年輕人，而這些人才要開始人生中生育能力最強的階段。必須等到有能力生小孩的大隊人馬減少，人口年齡層分布穩定之後，才會平緩下來，而人口也才會停止成長。同樣的，當某個國家落到關鍵點下，在「絕對人口成長率為負值」以及「人口數目真正開始減少」之間，會出現一段延遲期間。譬如說，義大利和德國就已經進入這種真正的、絕對的人口負成長期。

全球人口成長衰退主要可歸因於三個相關連的社會因素：科技導向之經濟全球化；鄉村人口湧向都市；以及伴隨全球化和都市人口暴增而來的婦女擴權。婦女在社會及經濟層面的解放，造成子女數目減少。婦女選擇減少生育，可以看成人類的大幸，對於未來的人類而言，甚至可以說是人性當中的一大奇蹟。因為事情也可以朝相反方向發展：愈來愈富裕、自由的婦女，也可能選擇生養一大窩子女。她們卻選擇了另一個方向。她們寧願要數量比較少、但照顧比較周到的子女，與大家庭相較，前者可以接受更完善的健康及教育照顧。同時，她們也選擇更理想、更安全的生活。這種傾向即使不能說是全球一致，但至少相當普遍。它的重要性真是再大也沒有了。社會評論家常常說人類是受本能所害，例如部落意識（tribalism）、侵略性以及自私貪婪。我相信，未來的人口統計學家則會指出，從另一方面看，人類也是因為上述那種母性的本能而獲救。

這種傾向小家庭的世界潮流如果持續下去，最後一定會止住人口成長，將情勢逆轉。

世界人口會先攀升到最高峰，然後開始減少。然而，高峰有多高，什麼時候出現？還有，當人口攀至最高峰時，環境的命運又如何？

一九九九年九月，聯合國經濟暨社會事務部人口司發布了一組預測圖，推算在四種不同的婦女生育情況下，二〇五〇年的人口數。如果從二千年開始，每名婦女的子女數馬上掉到二以下，那麼世界人口便會朝著減少的方向，到了二〇五〇年左右約為七十三億。當然事實上這種情況並沒有出現，而且恐怕幾十年內都不會出現。因此，七十三億人口是太過低估了。反觀另一個極端，如果婦女生育力按照現在的減速度，二〇五〇年時，世界人口約為一〇七億，而且還會持續走高數十年才達到巔峰。如果人口成長率維持現狀不變，那麼到了二〇五〇年，世界人口更將高達一百四十四億。

最後一種情況，如果生育力衰減速度比目前再快些，朝向全球平均二・一或更低數值發展，那麼二〇五〇年的人口數大約會是八十九億；不過在這種情況下，人口還是會繼續攀升一陣子，只是坡度沒有那麼陡而已。最可能出現的是最後這種情況。於是很顯然的，到了二十一世紀後半，世界總人口將會攀升到九十至一百億之間。如果人口控制做得夠努力，這個數值可能會比較趨近九十億而非一百億。

但是這個系統裡還是有些疏漏，可以令人抱持審慎樂觀的態度。婦女有權選擇而且也能得到各種控制生育的避孕工具。當然，不同國家的婦女避孕比率差別很大。譬如說，歐洲和美國最高，達七〇％；泰國和哥倫比亞的數據逼近歐美；印尼也有五〇％；孟加拉和肯亞則超過三〇％；但是巴基斯坦幾乎都沒有什麼變動，一直維持在一〇％左右。至於國家當局的意向，至少政府態度上都是偏向控制生育的，這是全球的趨勢。到一九九六年為止，已有約一百三十個國家獎勵家庭計畫。尤其是半數以上的開發中國家，甚至把官方人口政策與經濟及軍事政策一併考量，而剩下那些國家也有超過九〇％宣稱打算有樣學樣。反倒是在美國，這個想法仍然被視爲禁忌，變成一個很令人意外的案例。

開發中國家的人口控制鼓勵措施，愈早實施愈好。事實上，世界環境的命運就操在他們手中。現在，他們必須對全球人口成長負責，而且他們國內愈來愈高的每人消費量，也將造成殘酷的後果。

他們生孩子的本領，會造成多重的深遠影響。開發中國家的人民平均年齡早已比工業國家低得多，而且鐵定還會再降低。走在拉哥斯（Lagos，奈及利亞城市）、瑪瑙斯（Manaus，巴西城市）、喀拉蚩（Karachi，巴基斯坦城市）或是其他開發中國家的城市中，觸目皆是兒童。在剛離開歐洲或北美的人看來，群眾看起來就好像剛從一個超級大學校放學般。至少有六十八個國家，十五歲以下的兒童超過總人口的四〇％⑨。以下是一九九九年所報告的一些典型案例：阿富汗四二・九％、貝南四七・九％、高棉四五・四％、衣索匹亞四六・〇％、格瑞納達四三・一％、海地四二・六％、伊拉克四四・一％、利比亞四八・三％、尼加拉瓜四四・〇％、巴基斯坦四一・八％、蘇丹四五・四％、敘利亞四六・一％、辛巴威四三・八％。

一個起步貧窮的國家，如果人口組成大部分又是小孩或青少年，這個國家在健康和教育上，能提供人民的照顧就更有限了。貧窮國家所擁有的超多廉價但低技能勞工，也許可以帶來某些經濟利益，但是很不幸的，他們同時也爲種族衝突或戰爭提供了大量的砲灰。當人口一再暴增，而淡水和可耕地卻日益稀少，工業國家就會感受到壓力了，像是大量奮不顧身的移民，以及國際恐怖主義散播的威脅。

養不起的未來

地球被逼到極限時，究竟能養得起多少人？粗略估計並不難，但答案不是固定的，必須視三種情況而定：首先，地球需要支持多久；再來，資源分配要做到多平均；還有就是，大多數人希望達到的生活品質有多高。就拿食物來說，經濟學家通常以它做爲地球環境承載力（carrying capacity）的指標。目前世界穀物產量約爲每年二十億噸，而穀物正是大多數人主要的熱量來源。理論上，這個數量足以餵飽一百億東方印度人，他們的主食是穀物，而且依西方標準衡量，他們的肉類攝取量極低。然而同樣的穀物卻只能養得起二十五億美國人，因爲後者把大部分穀物都轉成了家畜和家禽⑩。但是印度和其他開發中國家也想攀爬這條營養鍊，攝取更多肉類，卻是問題重重。如果土壤侵蝕和地下水降低仍以現在的速度進展下去，等世界人口達到九十或一百億時（希望這就是最高峰了），糧食短缺幾乎是無可避免的。有兩個辦法可以阻止糧食短缺。要嘛，工業國人民把食物鍊移向更大比例的素食，要嘛，全球的農業生產地必須把產量增加五〇％以上。

生物圈的局限是固定的。我們即將通過的瓶頸也是眞實的。任何頭腦淸楚的人應該都看得出來，不論我們是否採取行動，地球供養人類的能力已接近極限。我們早已挪用了四〇％地球綠色植物所製造的有機物質。如果每個人都願意變成素食者，讓飼養家畜的糧食減少甚至完全不存在，那麼現有的十四億公頃土地，將足夠供養一百億人口。如果人類充分利用陸地及海洋一切植物光合作用所捕捉的能量（差不多有四十兆瓦），那麼地球便可供養一百七十億人口⑪。但是，不用等到眞正的大限來臨，地球一定早就變得像煉獄般不宜居住。

當然，人類也有可能想出辦法逃過一劫。石油蘊藏量可能可以轉化爲食物，直到用光爲止。核聚變能源也可能用來製造光線，以驅動光合作用，使得植物生長大大提升，遠超過單單依賴太陽能源，因此也製造出更多的食物。將來有一天，人類甚至有可能認眞思考太空生物學家所稱的第二型文明⑫，把所有太陽能都用來供應居住在地球以及其他行星上（或是附近）的人類。（銀河系行星上應該沒有這麼高層次的有智慧生命；否則尋找外太空智慧生物的ＳＥＴＩ計畫早就找到它們了。）當然，我們不會只是爲了要延續多子多孫的愚行，而往這些方向去努力。

中國大陸的農業危機

中國大陸是環境變遷的焦點，也是人口壓力的最佳範例。二〇〇〇年，中國大陸的人口已經達到十二億，占全球總人口的五分之一。人口統計專家認爲，到了二〇三〇年，中國大陸的人口數目很可能會達到十六億。在一九五〇到二〇〇〇年之間，中國人口增加了七億，超過工業革命開始之前的全球人口總數。這些快速增加的人，充塞在長江和黃河流域中，面積只有美國東部大小。

反觀美國人在差不多起點的時候，卻發現自己在地理上眞是得天獨厚。在美國的人口爆炸成長期間，也就是從一七七六年的兩百萬人，成長到二〇〇〇年的兩億七千萬人，這些人口得以分散到一片空曠的肥沃大陸上。過剩的人口，像浪潮般湧向美國西邊，塡滿了俄亥俄山谷、大平原，最後來到太平洋沿岸谷地。但是中國人無處可流動。西邊有沙漠和高山的地理屏障，南邊又遭到不同文化的抵抗，他們的農民只能在祖先耕作了數千年的土地上，愈來愈稠密。事實上，中國成了一個最擁擠的大島，一個放大了的牙買加或是海地。

中國人民既聰明又富創造力，他們盡了最大的努力。今日的中國，與美國並列世界最大穀物生產國家。這兩國生產的穀物中，有極大的比例成了全球人口的主要熱量來源。但是中國龐大的人口數目，卻使得它所生產的穀物產量瀕臨消耗殆盡的邊緣。一九九七年，一組科學家曾向美國國家情報委員會報告，預測在二〇二五年時，中國每年將需要輸入一億七千五百萬噸穀物。如此推算，到了二〇三〇年，每年穀物輸入量應爲兩億噸——相當於中國目前全年輸出穀物的總量。這個模型的參數只要有一點點小變動，就可能令該數值上下波動，但是，在計畫這麼重大的策略時，過度樂觀可能會是件危險的事。一九九七年後，中國事實上已經開始一個省級的應變計畫，想要大大提升穀物出口能力。中國政府自己也承認，這個計畫雖然成功，但可能很短命。該計畫需要開墾更多邊緣土地，提高每公畝環境的損害度，同時也會讓中國寶貴的地下水更快枯竭⑬。

根據美國國家情報委員會報告，中國糧食生產量一旦下跌，都可以向世界五大穀物出口國尋求補充，這五國分別是美國、加拿大、阿根廷、澳洲以及歐盟。但是，這些主要生產國的出口量自從在一九六〇到七〇年代驟然攀升後，一九八〇年代又開始減少，回到目前的水準。以現存的農業能力來看，這個出口量似乎不太可能大幅提升。美國和歐盟早已把先前閒置的農地移做他用。澳洲和加拿大受限於降雨量，主要依賴旱地農作。阿根廷很具有擴張潛力，但是因爲面積有限，它頂多每年只能再增產一千萬噸穀物。

中國極爲依賴抽取地下水及大河川的水來灌溉。這方面最大的障礙又是地理：中國的農業三分之二位於北方，但是五分之四的水資源卻在南方，主要就是長江流域。灌溉以及民生和工業用水已經掏空了北方的水源，包括黃河、海河、淮河及遼河。再加上長江流域，這些地區生產了全國四分之三的糧食，並供養九億人口。一九七二年開始，黃河流經山東省的河道（遠達省會濟南那般內陸的區域），幾乎每年都會出現乾涸，並且從那兒一路乾枯到入海口。一九九七年，黃河停止流動達一百三十天，然後斷斷續續開始流動，之後又再度停止，令該年的枯水期高達破紀錄的兩百二十六天。由於山東省通常生產全國五分之一小麥，以及七分之一玉米，黃河出狀況所造成的影響可不是一點點。一九九七年，中國單單作物的損失就達到十七億美元。

同時期，北方平原的地下水位也在急速下降中，一九九〇年代中期，平均每年都降低一．五公尺。從一九六五到九五年間，北京市的地下水位就下降了三十七公尺。

面對黃河盆地長期水源不足的問題，中國政府已著手修建小浪底水壩，它的規模僅次於長江三峽大壩。官方希望小浪底水壩能解決黃河的週期氾濫以及乾旱問題。此外，他們還計畫興建水道，把長江的水抽取到黃河及北京市，因爲長江幾乎從不乾涸。

這些計畫也許能、也許不能保住中國的農業和經濟成長。但是有幾項可怕的副作用讓事情變得更加複雜。首先，根據研究，黃河上游黃土高原的淤泥（它們使得黃河成爲世界最渾濁的河流），有可能在小浪底水壩完成三十年後，塞滿它的集水區。

中國已經令自己陷入一個困境：必須把低地領土不斷設計、再設計成一個超大的水力系統。但這並不是最基本的問題。最基本的問題在於中國人口實在太多了。再加上中國的人民格外勤奮以及拚命往上爬。結果，原本已高得令人喘不過氣的水資源需求，還在快速增加之中。到了二〇三〇年，單是民生用水就要增加不只四倍，到達一千三百四十億噸，而工業用水更將增加五倍，成為兩千六百九十億噸。如此一來，將會造成直接而巨大的影響。中國境內六百一十七個城市中，已有三百個面臨水資源短缺。

中國農業承受的壓力也變大了，同樣面對許多國家都有的兩難處境，儘管嚴重程度不一。在工業化過程當中，國民所得會增加，於是一般人消費的食物也會增加。同時，他們消費的糧食還會朝能量金字塔頂端的肉類及乳製品移動。這麼一來，穀物先通過家畜、家禽，而不是直接食用，則每公斤穀物所提供人類的熱量便減少了，於是每人平均消費穀物量就更高了。水的供應量始終維持不變，或至少變動不大。但是在自由市場上，農業用水卻難敵工業用水。一千噸的水能產出一噸的小麥，價值約兩百美元，但是同量的水在工業上的產值卻高達一萬四千美元。因此，已經缺乏水源與可耕地的中國，隨著工業化和貿易愈見繁榮之際，水也變得愈來愈昂貴。農業成本相對升高，而且除非農業用水獲得補助，糧食價格也會跟著升高。這也是為什麼中國甘付巨大的公共成本，來興建三峽大壩以及小浪底水壩。

理論上，富裕的工業國家並不一定要在農業上自給自足。因此，理論上中國也可以向世界五大穀物輸出國購買不足的糧食。但是很不幸的，中國的人口數目太多了，世界產量剩餘的糧食不足以供給它的需求，要解決這項問題勢必引發世界糧價的波動。看來，單單是中國就可以攪動穀物價格，令較為貧窮的開發中國家無法解決自己的糧食需求。目前世界穀物價格下跌，但是只要世界人口突破九十億或更多，局面勢必翻轉。

資源專家同意，這個問題不能完全以水文工程來解決。同時還必須將糧食由穀物轉移部分到水果和蔬菜，因爲後者比較是勞力密集的，使得中國更具競爭力。此外，還可以採用以下措施來共同解決：更嚴格節約工業及民生用水；使用灑水及滴水灌溉來栽培蔬果，比起傳統的淹水及溝渠灌溉，這些方式比較不浪費水資源；另外，透過土地私有化，加上補助與價格自由化，都能增加農民節約用水的誘因。

然而，爲支持中國的成長而被分攤到環境上的附加稅，雖然幾乎沒有登入國家的資產負債表，但卻已增強到具毀滅性的程度。水源污染是最明顯的指標。以下的估算，值得深思。中國的大河總長約五萬公里。根據聯合國糧農組織報告，其中八〇%已不適魚類生存。黃河的許多河段等於是死河，裡頭滿是鉻、鎘以及其他來自煉油廠、造紙廠和化學工廠的毒物，不只不適合人類使用，也不適合灌溉。各種細菌疾病以及有毒廢棄物污染造成的疾病，變得日益流行。

中國可能起碼有辦法養活自己到本世紀中，但是根據中國自己的數據顯示，即便加速轉向工業化以及超級水文學工程，中國也只能很驚險地與災難擦身而過。這種極端的困境，使得中國格外脆弱。一場戰爭，國內政治動亂，大乾旱，或是作物疾病，都能讓中國的經濟體崩潰。而中國的龐大人口數，卻會使得其他國家無力伸出援手。

中國值得密切觀察，不只是因爲這名不穩定的巨人有能力撼動世界，同時也因爲中國已走上其他國家最後勢必要走上的路。如果中國解決了自己的難題，這一課將可以運用到其他地區。美國也包括在內，因爲美國的人民正以超快步伐走向人口過剩以及土地和水資源的耗費。

環保的精義

環保主義仍然被大衆視爲特定利益的遊說活動，尤其是在美國。這種盲目觀點把環保主義擁護者看成不斷在搬弄著污染以及瀕臨絕種生物，誇大這些案例，並極力請求對工業設限以保護野生環境，即使犧牲經濟成長和人民就業也在所不惜。

環保主義其實遠較大家所想得更核心，也更重要。它的精義已經被科學驗證過了，驗證的方式如下。研究顯示，地球和其他太陽系行星不同，並非處在物理平衡狀態。它必須靠上面的生物圈來創造適合生物居住的特定環境。地球表面的土壤、水、大氣層，經由生物圈的活動，演化了幾億年才達到現在這種狀態。而這個由生物構成、極端複雜的生物圈，其中的活動都是以極精確但又脆弱的全球能量及有機物質循環，緊密地環環相扣。這個生物圈創造了我們特殊的、每天、每分鐘都在更新的世界，而且將它保持在一種獨特的物理失衡狀態。在這種狀態中，人類完全被束縛住。我們不論朝哪個方向去改動生物圈，都會讓環境背離這首巧妙的生物舞曲。在我們毀掉生態系以及滅絕生物後，我們將使這個星球所能提供的最偉大遺產崩解，並因此而危害到自身的生存。

人類並不是像天使般墜落凡間。人類也不是殖民地球的外星人。我們是歷經了百萬年，從地球上演化出來的諸多物種之一，以一個生物奇蹟的身分和其他物種相連。被我們如此粗心魯莽對待的地球，是我們的搖籃和育嬰房，是我們的學校，而且也是我們唯一的家。由於它的特殊情況，我們適應了提供我們生命的每一根纖維以及每一個生化反應，而且彼此的關係十分親密。

這才是環保的精義。這也是那些投身維護地球健康的人所遵行的準則。但是它還不能算是世界通行的觀念，顯然目前還不是諸多重要活動的對手，像是體育活動、宗教以及賺錢等。

我相信，這種對環境的冷漠，源自人類內心深處。人類的大腦顯然是朝向「只關注一小塊地區、一小群族人、以及未來兩三個世代」的方向演化。眼光看得既不遠又不廣，才眞正符合達爾文學說的眞義。我們天生就傾向忽略還不需要檢視的遙遠未來。人們說，這叫做常識。他們的思考方式爲何這麼缺乏遠見？理由很簡單：那是我們打從舊石器時代起，就固定下來的硬體結構。幾十萬年來，汲汲於少數親族或友人的短期利益的人，活得比較久，子孫也比較多——即便他們共同的努力會危及他們自身的領導地位或是王國。足以拯救後代子孫的遠見，需要眼光和某種程度的利他行爲，很難從人類本能中引導出來。

有關環境問題的判斷，最大的兩難就在於長期與短期利益間的衝突。著眼於眼前族人或是國家的利益來做選擇，並不困難。著眼於全球長遠利益來做選擇，也不困難——至少理論上是如此。但是，要總合這兩種觀點，來創造一套統一的環境倫理，卻非常困難。可是，我們一定得把它們結合起來，因爲唯有統一的環境倫理才能做爲指導原則，引領人類以及其他生物安然通過因我們人類的愚行所造成的生存瓶頸。

【注釋】

①原注：此處所提及的二十世紀與二十一世紀的思想走向，源自我在*Foreign Policy* 119: 34-35 (summer 2000) 發表的文章稍做修改而來。

②原注：生態足跡（ecological footprint，係指人類對環境造成的衝擊），最早源自於：William E. Rees and Mathis Wackernagel in AnnMari Jansson et al., eds., *Investing in Natural Capital: The Ecological Economics Approach to Sustainability* (Washington, D.C.: Island Press, 1994), pp. 362-90。最新資料則來自與Mathis Wackernagel (January 24, 2000) (Redefining Progress, 1 Kearny St., San Francisco, CA)私下交換意見。此外也參考：Wackernagel et al., *Living Planet Report 2000* (Gland, Switzerland: World Wide Fund for Nature, 2000), pp. 10-12。

③原注：有關經濟學者與生態學者的對話，這一段的取材出處很多，最近期的一段來自世界自然基金會

（Gland, Switzerland）、新經濟基金會（London）、以及世界保育監測中心（Cambridge, England）聯合製作的系列報告*Living Planet Report* (1998 and 1999)；以及由世界資源研究所、聯合國開發暨環境計畫和世界銀行（Oxford: Elsevier Science, 2000; Washington, D.C.: World Resources Institute, 2000; summary available at www.elsevier.com/locate/worldresources）聯合製作的*World Resources 2000-2001: People and Ecosystems—The Fraying Web of Life*。

④譯注：馬爾薩斯（Thomas Robert Malthus, 1766-1834），英國經濟學家，《人口論》作者。其主要論點認爲人口是按等比級數增加，而糧食則是按等差級數有限的成長，如此人口的成長將超過食物的供給，使得大多數人類的生活水準降低至僅容餬口而已。

⑤譯注：綠色革命（green revolution），是指一九六〇年代前後所盛行的一股農產改良風潮，透過品種、技術改良，以達到增加作物產量的目的。然而新品種作物雖然使得糧食產量大增，卻需要使用肥料、殺蟲劑和灌溉系統的配合，不但未能眞正解決糧荒問題，無形中也造成對環境的傷害。

⑥譯注：一九八七年，以挪威首相布倫特蘭夫人爲首的聯合國「世界環境與發展委員會」提出了一份名之爲《我們共同的未來》（*Our Common Future*）的報告，一般通稱爲布倫特蘭報告（Brundtland Report）。報告中正式提出永續發展（sustainable development）的理念，並指出平衡社會、經濟及環境三方面的重要性。

⑦譯注：傳統上使用GDP或GNP來估算經濟成長與國家發展，但此種計算方法有所缺失。因此，美國三位經濟學家（Clifford Cobb, Ted Halstead, and Jonathan Rowe）提出了「眞實進步指標」（genuine progress indicator，簡稱GPI）的計算法，將未進入市場的生產活動（如：家務、

志願服務）納入，並扣除隨著生產活動衍生出的副產品（如：犯罪、自然資源的枯竭和污染成本）。他們將GPI與傳統的GDP相比較，發現自一九五〇年以來美國的GDP逐年增加，但眞實的情況卻是，一九五〇至一九六〇年平均GPI是增加的，然而一九七〇年以後GPI反而呈現持續下降趨勢。

⑧原注：我所引用的人口成長資料，主要出處如下：*How many people can the Earth Support?*, by Joel E. Cohen (New York: W. W. Norton, 1995);" Population policy: Consensus and challenges", by Lori S. Ashford and Jeanne A. Noble; *Consequences* (Saginaw Valley State Univ., University Center, MI) 2 (2): 25-35 (1996); *Beyond Malthus: Sixteen Dimensions of the Population Problem* (Worldwatch Paper 143), by Lester R. Brown, Gary Gardner and Brian Halweil (Washington, D.C.: Worldwatch Institute, 1998); and *Global Environmental Outlook 2000* (United Nations Environment Programme) (London: Earthscan Publications, 1999)。至於二〇五〇年的人口推估，部份取材自：*World Population Prospects: The 1998 Revision, Volume 1: Comprehensive Tables* (New York: United Nations Publication, Sales No. E.19.XII.9, 1999)。

⑨原注：十五歲以下人口超過四〇%或者更高的國家，其資料源自：*The New York Times 1999 World Almanac*。

⑩原注：關於世界穀物能供養的東印度人以及美國人的數目，請參考：Lester R. Brown et al., *Beyond Malthus: Sixteen Dimensions of the Population Problem* (Worldwatch Paper 143)。

⑪原注：根據光合作用所捕捉的最大能量而推估出的一百七十億的人口極限，請參考：John M. Gowdy

and Carl N. McDaniel , *Ecological Economics* (Journal of the International Society for Ecological Economics, Amsterdam, The Netherlands) 15 (3): 181-92 (1995)。

⑫譯注：第二型文明（Type II civilization），爲俄國天文學家卡達雪夫（N. S. Kardashev）所提出。他將宇宙中的文明分成三大類型，第一型文明控制一個行星的資源，第二型文明控制一個恆星的資源，第三型文明則控制一個星系的資源。目前我們連第一型文明的階段都尚未達到。

原注：關於太空中的第一型和第二型文明請參考：Ian Crawford, *Scientific American* 283 (1): 38-43 (July 2000)。

⑬原注：關於中國水資源及農業發展潛力，主要取材自：MEDEA Special Study, "China Agriculture: Cultivated Land Area, Grain Projections, and Implications"，這份報告於一九九七年呈報美國國家情報委員會（U.S. National Intelligence Council）。此外，我也採用了另一份關於中國水資源的報告：Sandra Postel, *Pillar of Sand: Can the Irrigation Miracle Last?* (New York: W. W. Norton, 1999)。我也要感謝MEDEA報告的作者之一Michael B. McElroy，謝謝他提供一九九七年後的中國官方政策資料。

第三章　大自然的極限

如果說，單一物種的滅絕，
是狙擊手的神來一擊，
那麼，
摧毀一處含有多種獨特生物的棲地，
無異於對大自然宣戰。

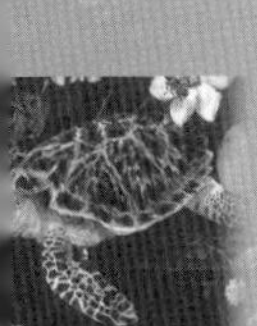

如果以日用品和每人平均消費量來估計，世界的財富確實在增加之中。但是如果以生物圈的情況來計算，就是在減少了。後者的情況，所謂自然經濟，與前者市場經濟相反，是以世界的森林、淡水及海洋生態系統來估算的。我們可從世界銀行及聯合國開發暨環境計畫的資料庫中，抽取資料估算出一項生命地球指數①，這個數值的重要性不下於常見的國民生產毛額或是股票市場指數。根據世界自然基金會所做的評估，從一九七〇到九五年，該指數已下降了三〇%。到了一九九〇年代初期，它降低的速度還增爲每年三%。到目前爲止，這項環境指數的下跌都沒有趨於平緩的跡象。

環境指數在國際經濟會議中一向不是熱門話題。在氣候控制會議的會場及與會者下榻的旅館中，原始森林的消失、物種的滅絕，都被輕鬆形容成「表相」。國家元首以及財經首長都知道，如果簽下全球保育協定，回國後肯定得不到太多支持。

宗教界領袖通常也很少監督他們理應珍愛的自然環境。即便造物者的傑作攸關存亡，宗教界還是少有熱衷的保育人士。然而，從歷史的角度看，他們的猶豫可以理解。亞伯拉罕宗教的神聖經文當中，鮮少提到人以外的生物世界。寫下鐵器時代紀事的人，知道什麼是戰爭。他們知道什麼是愛與熱情。他們也知道靈魂的純淨。但是他們不知道生態學。

現在，一個比較眞實的人類前景浮現出來。人口過剩以及漠視環境的開發行爲，隨處可見，壓縮了自然棲地以及生物多樣性。在眞實世界中，也就是同時受市場經濟和自然經濟管制的世界中，人類正在和其他生物做最後的奮戰。如果情況繼續推進，可能得到的是兩敗俱傷的勝利，先倒下的是生物圈，然後就輪到人類。

夏威夷的悲慘遭遇

典型的這類戰爭曾經發生在夏威夷②，也就是全美國美麗得最虛假的一州。在大多數居民和訪客眼中，它彷彿尚未遭到破壞的島嶼天堂。事實上，它是生物多樣性的殺戮戰場。西元四百年，玻里尼西亞航海者初次踏上夏威夷時，這群島嶼是世界上有史以來最接近伊甸園的地方。在那茂密的森林與肥沃的谷地中，沒有蚊蠅、沒有螞蟻、沒有會螫人的黃蜂、沒有毒蛇或是毒蜘蛛，而且也少有帶刺或有毒的植物。如今，上述種種「不幸」，島上全豐富得很了，都是人類商業活動帶進來的，有些是故意的，有些是無意間造成的。

人類登陸前的夏威夷，在生物方面既多樣又獨特。從海濱到高山，裡頭充滿了起碼一百二十五種，甚至多達一百四十五種其他地方看不到的鳥類。原生的老鷹翱翔在濃密的樹林上空，林中則棲息著奇特的長腳貓頭鷹，以及羽毛閃亮豐麗的管舌鳥（honeycreeper）。地面上，一種不會飛的朱鷺正和 moa nalo 一塊兒覓食，moa nalo 也不會飛，體型與鵝相彷，嘴喙長得有點像龜，是夏威夷版的多多鳥（dodo，古代模里西斯的大鳥）。這些夏威夷特有的生物現在幾乎都絕種了。

夏威夷原生的鳥類當中，現在僅存三十五種，其中二十四種瀕臨滅絕，十二種稀少得可能再也無法復育。只有少數倖存者，多半是小型管舌鳥，還能在分散的低地棲地中，讓人驚鴻一瞥。大多數倖存者都固守在雨量豐富的密林高地山谷中，儘可能遠離人類蹤跡。「想觀賞夏威夷原生鳥類，」鳥類學家皮恩（Stuart L. Pimm）經過一系列田野調查後指出，「你得弄得又冷、又濕、又疲累。」

今日的夏威夷，生物多樣性依然豐富。但主要是合成的：大多數植物及動物都可以輕易找出它們的來源地區。在渡假區及山腹灌木林周遭的外來植物中，居住著各式各樣的雲雀、有條紋和斑點的鴿子、鴝鳥、嘲鶇、鶯類、八哥、梅花雀、食米鳥、以及冠紅臘嘴雀，牠們沒有一種是夏威夷土生土長的。和盛讚牠們的遊客一樣，牠們也是搭船或飛機旅行到夏威夷。因此，在世界其他溫帶及熱帶地區，也可以觀察到同類型的鳥。

夏威夷的植物相也同樣美麗，甚至可以說美得過火。但是，占據低地的植物當中，卻少有當年玻里尼西亞殖民者初到時砍伐開墾的對象。在今日由植物學家鑑定出的一千九百三十五種開花植物中，九百零二種爲外來植物，它們幾乎占據了整個夏威夷，只除了最原始的棲地。即使在海岸低地及山坡較低處，看起來最自然的棲地，其植物也大半是由外界引入的。從生物地理分布來看，夏威夷的青翠幽谷，其實住滿了外來生物。連當地人幫遊客套上的花圈，都是由外來花卉製成的。

夏威夷曾經擁有超過一萬種或更多的原生植物及動物。許多甚至被認爲是全球最獨特、美麗的物種。它們的源頭是數百種先鋒物種，非常幸運地在自然狀況下，登上這群世界上最遙遠的島嶼，經過數百萬年的演化才成爲如此豐饒的樣貌。然而這些物種的數目已經大大減少了。遠古的夏威夷，如今只剩一縷幽魂徘徊在群山之間，而我們的地球也因它的悲慘遭遇而更加貧乏。

事情全都要從最早的玻里尼西亞人談起，當他們發現島上有一些不會飛、易抓取的鳥時，顯然就把牠們捕獵到絕種。在殖民者砍伐森林和草原，以從事農耕時，也順帶消除了其他的動植物。一七七八年，根據第一位發現夏威夷的歐洲人庫克船長（James Cook, 1728-1799）的觀察，在一大片低地和內陸的山腳下，長滿了香蕉、麵包樹以及甘蔗。接下來的兩百年，美國人和其他地方來的殖民者，又占據了上述田野以及其餘地區，遍植甘蔗和鳳梨做為出口大宗。現在，夏威夷保持原狀的土地幾乎不到四分之一，而且大都限於群山內陸中最陡峭、最難攀爬的部分。要是夏威夷的地勢再平坦些，像是巴貝多島（Barbados）或太平洋環礁，那麼肯定一丁點兒都不會剩下。

外來生物登陸夏威夷

起先，夏威夷動物相及植物相的破壞主因在於棲地的瓦解，但是今天，最大的威脅卻來自非本土的外來物種。史前時代夏威夷的生物相非常小而且脆弱。當群島被殖民後，尤其是二十世紀它變成太平洋商業及運輸中心之後，外來的植物、動物、微生物，從全球的暖溫帶和熱帶地區大量湧入，開始壓迫並消滅本土物種。

夏威夷的這場生物入侵，可以看成達爾文演化過程經異常加速後的版本。在人類抵達前，能成功跨越太平洋而移入的物種，千年也許才有一件。有些是隨著大氣層上部的氣流而來。這種飛行並不一定需要翅膀：許多不會飛的生物也會被上升氣流捲起，然後被風帶著走，彷彿空氣中的浮游生物般，身不由己。許多蜘蛛則是故意加入浮游生物群。牠們站在一片樹葉或小枝上，對著吹過的風吐絲，讓絲線愈變愈長，直到後者像風箏般，強力拉扯蜘蛛的軀體。這時，蜘蛛突然放鬆，就這樣御風而起。如果選對上升氣流和風勢，牠們可能飄行相當長距離才落地──或是失足落水喪命。有些蜘蛛甚至會藉由捲食絲線，蓄意安排自己的降落。因此，夏威夷本土蜘蛛非常豐富且多樣，並不令人意外。

其他比較不那麼聰明的旅行者，則是被暴風刮起，送上島來的；又或是像搭乘筏子的旅客，攀附在洪水沖下的樹幹或是植物堆上，漂洋過海而來。

然而，在人類出現以前，不利生物漂流到夏威夷來定居的機率，高得嚇人。數百萬年來，嘗試這種盲目橫越太平洋的物種雖多，但是能成功登陸的卻沒有多少。就算眞正登陸了，這些先鋒部隊還得面臨重重險阻。首先，必須有一個現成的生態區位（niche）等在那裡──一個適合居住、有適合的食物、有可以交配的伴侶同時移來、以及天敵很少（甚至沒有）的地方。如此通過考驗存活下來並順利繁殖的物種，才有資格成為夏威夷獨特環境中，準備進行演化適應的候選者。隨著時間演進，它們發展出其他地區看不到的遺傳特徵，成爲眞正的夏威夷特有生物。有些生物，例如向日葵、管舌鳥、以及果蠅，最後演變出好幾個不同的種，各自有獨特的生活方式，創造出適應輻射③，也成就了夏威夷自然史的輝煌。

來自社會群島和馬克沙斯群島（Society and Marquesas Islands）的玻里尼西亞船員，打破了這道原本嚴厲的演化關卡。由於大量引進豬、老鼠、作物以及早已廣泛存在於中太平洋小島上的其他生物，他們將生物殖民速度一下子提高了好幾千倍。等到美國人和其他移民者出現，這回不只從臨近島嶼，而是從世界各地進口其他物種時，夏威夷的外來生物入侵，簡直是一飛衝天。鳥類、哺乳類和植物，依照人類的價値標準，被蓄意引入。結果呢，現在夏威夷大部分的陸鳥以及近乎半數的植物都是外來種。昆蟲、蜘蛛、蝨以及其他節肢動物，則是無心的移民者，像偷渡客般，潛藏在船舶貨艙或是壓艙物中。檢疫所平均每年查到約二十件這樣的案例；但有一些還是偷溜入境並成功安頓下來。

一九九〇年代末，經檢定夏威夷共有八七九〇種昆蟲和其他節肢動物，其中三〇五五種，也就是三五%，是外來生物。至於夏威夷所有陸地及周遭淺海中的生物種類（包括動、植物及微生物），共有二二〇七〇種，當中也有四三七三種爲外來物種。這個數目高達已知夏威夷特有物種數八八〇五種的一半。不只如此，外來物種的數量也占據絕對優勢，特別是在干擾最嚴重的環境中。最後的結果是，移民者占領了大部分的夏威夷。

外來客作惡

大部分入侵者都是無害的：只有一小部分會大量繁殖，數目多到足以變成農業害蟲或危及天然環境。但是這些少數失控的物種，確實有能力釀成大害。生物學家還沒辦法預測哪些外來生物可能變成「侵入性的」（invasive），這是美國聯邦官員對有害外來生物的正式稱謂。這些有害物種在自己的原產地，通常都很謙卑，因爲周遭布滿了獵食者以及其他天敵，而這些天敵都是和它們一塊兒長期演化而來的。如今，擺脫禁錮，來到長期與世隔絕而且環境溫和的夏威夷，它們不禁歡慶起超級成功的繁殖成果，一邊壓抑、消費、剝奪、或是排擠難相抗衡的脆弱本土物種。

最早摧毀夏威夷生物相的，除了人類，還有非洲大頭蟻（*Pheidole megacephala*），以及野化的家豬（*Sus scrofera*）。非洲大頭蟻群居在沒有數目限制的超級蟻群中，工蟻可以多達數百萬隻，負責生育的蟻后也可以有好多隻。牠們一出發，就好像一張活動被單，其他昆蟲要是擋了牠們的路，不是被吃個精光就是被驅逐出道。工蟻分成兩類：一種身材瘦小細長，在地面上以單行縱隊覓食，另一種則是頭大大的兵蟻，擅長用巨大的頭顱以及鋒利的上顎來肢解敵人或獵物。非洲大頭蟻惡名昭彰：牠們消滅了大部分原產夏威夷低地的昆蟲，包括本地花卉的傳粉者。此外，牠們也擾亂了食物鏈。消滅昆蟲等於減少了某些食蟲鳥類的食物來源，因此，牠們很可能也該爲這些鳥類的絕跡負責。

在其他沒有遭到非洲大頭蟻進駐的區域，另一種外來超級蟻群阿根廷蟻（*Linepithema humile*），也以類似方式統治地面，牠們善用大舉進攻及分泌毒液的策略來征服敵手。當非洲大頭蟻遇上阿根廷蟻，兩方軍團便會爲了爭奪土壤小王國的統治權而大打出手，結果把陸面一分爲二。只有少數幾種蒼蠅、甲蟲、和其他昆蟲有辦法逃過牠們的聯手屠殺，但這些倖存者多半也是外來移民。夏威夷螞蟻，就像夏威夷的人類一般，是外來者在日益貧乏的領土上，統治著其他外來者。

夏威夷動物相面對入侵螞蟻時所表現出來的脆弱，很符合一條常見的演化原則。數千萬年以來，螞蟻幾乎是世界各地最主要的昆蟲及其他小型動物的獵食者。牠們也是優秀的死屍清除者，而且其翻土功夫不亞於、甚至勝過蚯蚓。人類光臨之前的夏威夷，由於是完全隔離狀態，從來沒有螞蟻這玩意兒。事實上，東加以東的中太平洋小島上，還沒有發現過任何一種本土螞蟻。於是，夏威夷的動植物群落就演化成適合生存於沒有螞蟻的環境中。它們都沒有預備去應付如此能幹的群體獵食者。結果，一大群到現在還沒法詳細估算出的夏威夷本土物種，就這樣被入侵的敵群給消滅掉了。

同樣的，夏威夷的環境也還沒準備好接受陸地哺乳動物。人類來臨以前，只有兩種哺乳動物居住在夏威夷：原生的灰白蝙蝠（hoary bat）和夏威夷僧海豹（Hawaiian monk seal）。然而之後又添加了四十二種哺乳動物，而且每一種多少都威脅到夏威夷的動植物相。

最早由玻里尼西亞人引進的家豬，破壞力尤其大。有些家豬逃脫了，又或是被蓄意棄養，於是便成爲第一種進入當地森林的大型哺乳動物。如今，牠們野生化的子孫，與其說像溫和的家豬，不如說更接近歐洲的野豬。牠們大約有十萬多頭，穿梭在夏威夷樹林中，啃食樹皮、樹根，將樹蕨推倒或是連根拔起。小樹倒下後，森林的冠層開了洞，讓原本難以透入的陽光直洩到森林地表，改變了土壤的生態系。此外，豬兒在覓食之餘，還會藉由糞便播撒一些外來植物的種子，於是這些植物的生長又壓擠了本土植物的生存空間。豬群還喜歡挖泥坑打滾，而泥坑變成了蓄水池。唯一因此受益的本土動物是豆娘，因爲牠們的幼蟲生活在水裡。但是水坑同樣也能滋養蚊子，結果把家禽瘧疾（avian malaria）散播到對此疾病完全沒有抵抗力的當地鳥類身上。

豬是由人類蓄意帶進夏威夷的，想終止牠們作惡，也只有靠人類。一群群捕豬獵人帶著經過特訓的獵狗，已將自然保護區內的豬群數目大大減低，但是沒有辦法完全消滅。譬如說，在公元兩千年，夏威夷大島的火山國家公園裡，還有約四千頭豬來去自如。

其他被引進的哺乳動物，對環境的危害也逐一升高。老鼠、獴類、以及野化的家貓，都會獵捕夏威夷森林中的鳥類。山羊和牛則會吃食開闊地上殘存的原生植物。有些植物物種只剩下一小部分個體，生長在極難攀爬的峭壁面上，但即使在那兒還是不安全，因爲在峭壁上端覓食的動物有可能弄鬆泥土或岩石，造成落土或落石而危及它們。

物種滅絕因子

由於夏威夷的環境相當單純，可以被看成一個天然實驗室，展示世界各地自然環境如何遭到外力的痛擊。其中，我們學到的一課是，物種鮮少會因爲單一原因而滅絕。最典型的是，多重外力隨著人類活動，相互增強，可能同時或是輪流施壓，使得物種數目下降。這些外力因子經保育生物學家④總結後，取英文字首命名爲HIPPO：

棲地破壞（**H**abitat destruction）。譬如說夏威夷森林就有四分之三遭到砍伐，許多物種無可避免地數量衰減乃至滅絕。

侵入性物種（**I**nvasive species）。螞蟻、豬以及其他外來物種取代了夏威夷的生物。

污染（**P**ollution）。島嶼的淡水、沿岸的海水、以及土壤，都遭到污染，削弱並除去了更多的物種。

人口過剩（**P**opulation）。人口愈多，意味著其他項HIPPO效應更強。

過度採收（**O**verharvesting）。早先玻里尼西亞人占領期間，某些物種，尤其是鳥類，被獵捕到變成珍禽，而後絕種。

在這些破壞力量當中，最主要的是HIPPO中的第二個P，因爲太多的人口，占據了太多的土地和海洋，以及其中的資源。到目前爲止，全美國的動、植物以及微生物，正式記錄的約有二十萬五千種。最近，一些針對所謂「焦點」生物（較知名的生物，像是脊椎動物和開花植物）的研究顯示，除了人口過剩外，其他外力對環境的破壞力依重要性排列，順序就如同HIPPO一樣，殺傷力最大的是棲地破壞，最小的是過度採收。然而在舊石器時代，當技巧高超的獵人殺戮大型哺乳動物以及不會飛的鳥類時，上述因子的破壞力排行卻是倒過來的，OPPIH，從過度採收，一直排到相對而言影響極小的棲地破壞。當時污染微不足道，侵入性物種大概也只能在小島上發揮影響力。但是等到新石器時代文化以及農業傳播開來，排序就開始逆轉。重新排列的HIPPO在陸地上成了怪物，最後連在海洋裡也一樣。

把焦點鎖定在環境衰退的整體問題上的保育生物學家，已經開始研究，有哪些與HIPPO有關但不易估算的因素，也會削弱或滅絕生物多樣性。每個案例都是因爲瀕臨絕種生物的獨特特性，再加上人類活動將它們推擠向某個特定角落所造成的。唯有集中研究焦點，研究人員才能夠診斷出物種瀕臨滅絕的癥結，然後設計出最好的復育計畫。

溫哥華島土撥鼠

再沒有一種生物的衰減原因像溫哥華島土撥鼠（*Marmota vancouverensis*）這般奇特⑤，甚至可以說是詭異。這種漂亮的土撥鼠數量從未就沒有興盛過。進入二十世紀末，牠們的數量開始驟減。到了二〇〇〇年，牠們的野生數量已經掉到七十隻左右，成爲加拿大最可能絕種的生物，以及全世界最珍稀的動物之一。牠們渾身裹著蓬鬆鬆的栗白相間皮毛，習慣後腳站立來觀察周遭狀況，是加拿大極具吸引力的動物之一，牠們在加拿大的地位，就像是貓熊在中國、無尾熊在澳洲般。一九九〇年代，牠們那可愛的模樣以及生存困境，引起大眾議論，並接著展開搶救行動。

田野生物學家在尋找溫哥華島土撥鼠衰滅原因時，剛開始頗爲迷惑。看不出環境中有任何明顯的變遷，足以威脅該物種的生存。這些土撥鼠居住在溫哥華島山頂上，周圍是岩石峭壁、夏日殘雪，以及散生著低矮扭曲冷杉的亞高山帶草原。由於棲息地如此邊遠，人類鮮少打擾牠們。也沒有人去獵捕牠們。從外表更看不出最近有什麼疾病侵襲該族群，雖說這個可能性還是不能否決。土撥鼠的獵食者，狼、美洲獅和金鷹，當然也不能忽視，但是牠們已經存在數千年，之前也沒有逼使土撥鼠絕種呀。

結果問題出在，林木業爲了採收木材，在牠們的山頂棲息地下方砍伐森林。由於這個環境變遷，溫哥華島土撥鼠原本賴以生存的一項本能，如今卻成爲毀滅牠們的主因。在自然情況下，這種動物以小族群形式生活，因此族群的個體數目很容易衰滅，然後整個族群消失。但是空下來的棲息地很快又會有新的個體進駐，因爲其他族群的年輕土撥鼠長大成熟後，會本能的離開自己的家鄉，移居外地。牠們順著山勢旅行，穿越地勢較低的針葉林。然後沿著山坡林地以之字形方式前進，上上下下，直到找著下一個山頂的草原。這時，牠們就會停下來，開始挖洞居留。

這項僵化的本能，使得年輕的土撥鼠在受干擾的環境中遇到了大麻煩。當牠們遇到一處針葉林遭砍伐留下的空地時，本能的就把它當成一片天然的草原，然後定居下來。這時，牠們便遭殃了，要嘛就是因爲低山坡處的獵食者更厲害，要不就是牠們的冬眠週期無法適應新環境的氣溫以及降雪型態。由於人類創造出來的假草原太多了，使得數量本來就不多的溫哥華島土撥鼠族群大失血，最後到了滅絕的邊緣。此外，移居者太集中於砍伐地，也可能因爲太過臨近母族群而使得原本的族群循環失衡。很顯然，唯一能拯救這種動物的方法，就是抓住幾個倖存者，然後把牠們關起來飼養。事實上，拯救行動已經開始了，而且就在我寫到這裡時，證明挺有效的。大家期望稍後這種動物，能夠重新在受保護的針葉林所環繞的山頂草原，生養將息。

蝸牛滅種橫禍

同樣難以預料的一系列災難，稍早曾毀了太平洋及印度洋島嶼的陸蝸牛相⑥。早在一九〇〇年代，巨大的非洲大蝸牛（*Achatina fulica*），被大量引進當做花園裝飾品。這種大型軟體動物繁殖力驚人，不久便失去了控制，大啖起當地原生蝸牛並破壞作物。一九五〇年代，曾有人試圖引進原產美國東南方及熱帶拉丁美洲的玫瑰狼蝸（*Euglandina rosea*），來對抗非洲大蝸牛。策劃者原本以爲這會是一場生物防治法的經典之作：引進無害的物種，以逐漸減少有害生物的數量。沒想到，此舉卻引發了一場滅種橫禍。

馬上被夏威夷人封爲「食人族蝸牛」的玫瑰狼蝸，對於人們幫牠選擇的獵物，不理不睬。相反的，牠們攻擊並獵食起原生蝸牛，後者比起非洲大蝸牛，體型較小，也較好欺負。到現在爲止，牠們已經消滅了十五種夏威夷原生的美麗條紋樹蝸牛（*Achatinella*，小瑪瑙螺屬）中的半數，以及血緣相近的 *Partulina* 屬樹蝸牛的半數種類。牠們加入老鼠、蝸牛殼採集者以及森林砍伐的陣容，成爲消滅五〇％到七五％的夏威夷原生陸蝸牛（約八百種）的主要因素。此外，印度洋島國模里西斯的一〇六種原生蝸牛中，有二十四種絕跡，玫瑰狼蝸也脫離不了關係。在法屬玻里尼西亞的莫雷亞島（Moorea），玫瑰狼蝸也是所有七種當地特有的 *Partulina* 屬蝸牛絕種的主要原因，而這些蝸牛，擁有五彩繽紛、橡實般大小的殼，原本是當地人串頸鍊用的材料。

在最後搶救行動中，兩名生物學家墨瑞（James Murray）和克拉克（Bryan Clarke）把這些蝸牛的活樣本送交美國及英國好幾家大學及動物園。還好，這些小蝸牛都挺適應囚居的生活，住著塑膠房屋，吃著生菜。到了一九九〇年代中期，三種人工飼養的蝸牛族群已經夠大，可以送回莫雷亞島雨林中用圍籬保護起來的地方去放養。四周設置通電的網牆並噴撒驅蟲劑，以防遭受玫瑰狼蝸的侵害。然而，七種蝸牛中，還是有一種 *Partulina turgida* 連人工飼養都沒辦法救回。最後一隻這種蝸牛養在倫敦動物園，小名爲塔基（Turgie），在最後一隻同類消失於莫雷亞島的十年之後，死於某種原生動物感染症。塔基的管理員還製作了一個小小的紀念碑，來紀念這種蝸牛，銘文是這麼寫的：

生於西元前一百五十萬年，卒於一九九六年一月

兩棲類的減少

最近幾十年來最慘重的損失則是蛙類數量的逐漸萎縮。一九八〇年代，動物學家發現世界各地的兩棲類數目陡降，主要是蛙類，還有蠑螈。最早的警告徵兆出現在澳洲獨有的北方胃育溪蛙（*Rheobatrachus vitellinus*），這種蛙是用胃來供受精卵發育，再將成長後的小蛙由口中吐出來。一九八四年一月，有人在昆士蘭尤吉拉（Eungella）國家公園發現這種蛙，定為一個新種，但在次年三月，牠們的數量突然減少，然後就消失了。同個時期，其他澳洲本土蛙類在數量銳減不過四個月後，也跟著消失了。

在地球另一端，哥斯大黎加的金蟾蜍（*Bufo periglenes*）也是數量驟減。牠們的色澤搶眼：交配季節的公蛙，看起來就好像剛泡過一缸金橘色染料似的。此外，每到春天交配季節，牠們群聚出現的戲劇性場面，也是動物學上的一大奇景，對於這個中美洲小國來說，更是很具吸引力的野生動物景觀。一九八七年春天，幾十萬隻準備交配的金蟾蜍固定在全球唯一有牠們身影的蒙提瓦德（Monteverde）山林中，演出一年一度的群蛙現身。然而，第二年，由加大柏克萊分校的魏克（David Wake）所率領的小組，卻只能找到五隻金蟾蜍。而且從那以後，再也沒有人看過金蟾蜍，牠們應該是已經絕種了。

在這同時，世界各地有關兩棲類數量驟減的報告也大批湧入⑦。其中最嚴重的，要算是兩棲類分布廣泛的中美洲及南美洲，許多當地特有種都絕跡了。爬蟲專家紛紛進行田野調查，並召開研討會。二○○○年，渥太華大學的郝拉罕（**Jeff E. Houlahan**）所率領的小組，針對許多科學家在過去數十年、於三十七個國家（多半來自歐洲及北美地區）蒐集到的九百三十六個族群的數據，進行研究。他們的結論是，整體而言，兩棲類的數量早自一九六○年以來，就以每年約二％的速度減少中。但是每個地區減少的步調則不一致。例如，在某些特定地區，只有某些種類的蛙會減少，其他則無。譬如說，加拿大發現豹蛙（*Rana pipiens*）減少了六○％，包括在英屬哥倫比亞省內完全絕跡。但是在加州優勝美地國家公園，蛙類則是全面減少。而黃腿山蛙（*Rana muscosa*）雖然從內華達山脈的西向坡上消失，但在東向坡上卻依然爲數衆多。至於世界兩棲類多樣性大本營之一的美國東南部，目前蛙類和蠑螈的數量還維持得相當不錯。

當研究人員把焦點集中在這場所謂的「兩棲類減少現象」（**Declining Amphibian Phenomenon**）後，認爲主要因素在於棲地破壞，也就是前述HIPPO中的H。但是，除此之外，還有其他有害力量介入，有些直接跟棲息地減少相關，有些則與它無關。這些因素在不同地區的影響力排序不同，要看當地情況而定。

在內華達山脈，來自海岸的空氣污染顯然是原因之一。往北邊走，在俄勒岡州的喀斯開山脈，陽光中能破壞細胞的紫外線B群輻射，反而成爲罪魁禍首。後面這項因素之所以會突然竄升，主要是因爲地球臭氧層變薄所致，這又是一項人爲的環境破壞，而且在高緯度地區最爲嚴重。至於美西其他地區，被引進河川的鱒魚及牛蛙，猛吃小型蛙類，因此也造成其中一些種類的滅絕。在明尼蘇達州，可以看到許多缺了後腿或是多一隻腳的豹蛙及蟋蟀蛙（cricket frog），到處游來游去。一般認為，這種畸形發育是由化學污染所引起的；其中的罪魁禍首，可能是噴灑在水面上防止蚊子幼蟲發育的藥品methoprene。在美國中部地區，青蛙的頭號殺手幾乎可以確定是顯微鏡才觀察得到的chytrid眞菌，它們會嚴重感染青蛙柔軟的皮膚。由於青蛙必須透過皮膚來呼吸，如此一來便會窒息而死。這種眞菌的跨國傳播途徑，至少有一部分是藉由水族箱傳送的。

透過蛙類的苦難，我們接收到一個強烈且明確的警告：HIPPO對生物圈具有致命的侵害力。青蛙在大自然裡的角色，就好比礦坑裡的金絲雀。大多數成蛙對於環境的輕微變化都很敏感，因為牠們要不住在水裡就是住在潮濕的密林深處。牠們的蝌蚪則是棲息水底的捕食者。典型的兩棲類動物，不論發育是否成熟，都具有潮濕多孔的皮膚，做為交換氣體的裝置，而這也使牠們成為毒物及寄生蟲的超級吸收墊。我們人類再怎麼也設計不出比青蛙更高明的環境惡化警報器。

小族群的生存危機

兩棲類的案例，說明了另一個跟維持生物多樣性有關的原理：遭受HIPPO壓力的物種，更容易夭折。這類致命因素中，最陰險的莫過於近交衰退（inbreeding depression）。族群愈小，近親交配的程度也愈高——也就是說，兄弟姐妹或表親之間，相遇並交配的機率愈頻繁。近親交配的機率愈高，族群中子代具有兩套導致不孕或早夭的缺陷基因的機率也愈高。科學家已經在實驗室中，藉由分析果蠅與老鼠，計算過近交衰退。這方面的野外資料⑧包括依利諾州的大松鷄（*Tympanuchus cupido*）族群，以及芬蘭的格蘭維爾蛺蝶（*Melitaea cinxia*）。無疑的，這個現象經常出現在世界各地的稀有動植物身上。根據理論，當族群內可生育的個體數低於五百時，族群成長率將因近親交配而開始降低。等到個體數降到五十以下，情況會變得相當嚴重，等到個體數目低於十，則最後致命的一擊很容易降臨在該物種身上。

然而，近交衰退並不一定會導致族群縮小。如果該物種有辦法通過極小族群的發展瓶頸，而存活下來的話，該生殖壓力可能反而在這個過程中「清除」缺陷基因。這樣的遺傳淨化過程，顯然曾發生在獵豹身上。這種優雅的非洲大貓（號稱世界上跑得最快的陸地動物），之所以會瀕臨絕種，主要是因爲幼豹存活率很低。有人研究過塞倫蓋蒂（Serengeti）的一個獵豹族群，發現九五％的幼獸都沒辦法活到能獨立生活的一歲大。但是，牠們並不像大家原先懷疑的，是因爲遺傳缺陷才長不大。相反的，牠們長不大，主要是因爲食物缺乏而被母親遺棄、以及被獅子和斑點鬣狗捕殺。

族群總數過低還有另一個害處。族群量若低於五十，族群大小的隨機波動程度會相對增大，而此一數量的上下波動，很容易便會達到數學家所謂的吸收界限（absorbing barrier）——也就是歸零，無法轉寰的點。

此外，一個極小的族群，或是非常局限分布的族群，也很容易因為一場暴風、水災、大火、乾旱、或是其他天然災難，而近乎立即滅絕。美國最漂亮的蝴蝶之一蕭氏鳳蝶（*Heraclides aristodemus ponceanus*），最近幾乎絕種，就是這個緣故。

蕭氏鳳蝶原本常見於南佛羅里達州以及北佛羅里達群島，但是隨著森林棲地的砍伐，這種擁有栗色與琥珀色翅膀的大型鱗翅目動物，變得愈來愈罕見。後來因為人類到處噴灑殺蟲劑滅蚊，牠們的數目又更少了。到了一九九二年，牠們的身影，只能在比斯坎（Biscayne）國家公園的四個島嶼以及拉哥礁的北方頂端才看得見。一九九二年八月二十四日，美國近年最具毀滅性的颶風之一安德魯颶風，橫掃該地，大肆蹂躪蕭氏鳳蝶的五個最後棲地，一下子便迫使蕭氏鳳蝶瀕臨絕種⑨。如今，佛羅里達大學根茲維分校的昆蟲學家艾莫（Thomas Emmel），人工飼養了一小群蕭氏鳳蝶，算是一道預防全面絕種的單薄緩衝。

棲地破壞的衝擊

如果說，單一物種滅絕是狙擊手的神來一擊，那麼，摧毀一處含有多種獨特生物的棲地，無異於對大自然宣戰。砍伐一處山林，有可能一舉消滅許多種生物。這樣的大災難確實發生過，譬如說，一九七八到一九八六年間，厄瓜多爾的農民開墾了森地內拉山脈（Centinela Ridge），結果令該地獨有的九十種植物絕跡⑩。發生於水中，規模相當於森地內拉慘案的就更多了。美國的淡水貝類擁有三〇五個特有種，是世界上淡水貝類最豐富的地區之一，然而，由於美國大小河川到處都受污染並築起水壩，使貝類的種類減少了一〇%以上⑪。而且倖存者當中，半數都岌岌可危，其中一半稱得上是瀕臨絕種，距離完全滅種不過一小步而已。

在當前各式各樣的棲地破壞當中，影響最深遠的莫過於砍伐森林了。大約六千到八千年前，也就是大陸冰河退去之後，人類農業正要開始之時，地球森林面積達到最高峰。如今，由於全球農耕普遍，森林面積只剩下當初的一半，而且砍伐速度還在不斷加快。溫帶闊葉林和混合林消失了六〇%以上，針葉林也消失了三〇%，熱帶雨林消失四五%，以及熱帶乾林消失了七〇%。在差不多一九五〇年代，地球固有林地約占五千萬平方公里，相當於永凍帶以外的四〇%陸地面積。現在森林面積只剩下三千四百萬平方公里，而且還在快速萎縮之中⑫。殘餘下來的林地，有一半的品質日益低落，有些甚至是嚴重受損。

過去五十年來，森林的消失是地球歷史上最重大且快速的環境變遷之一。它會自動對生物多樣性造成嚴重衝擊。減少棲地，就是減少生存其中的物種數目⑬。更精確的說，當棲地面積縮小，它所養得起的物種數目會跟著減為原本的六次到三次方根。中間值通常為四次方根。若以四次方根來計算，棲地減少為原來的十分之一，則動植物數目會減少約一半。關於這項原理，有一個典型的例子發生在西印度群島，科學家發現這兒的爬蟲類和兩棲類物種減少的程度，是依島嶼大小排列，首先是古巴（四四一六四平方英里，約一百種），然後是波多黎各（三四三五平方英里，約四十種）、蒙塞拉（Montserrat，三十三平方英里，約二十五種），最後是薩巴（Saba，五平方英里，約十種）和雷東那（Redonda，一平方英里，約五種）。

同樣的原理也適用於美國西部以及加拿大的國家公園。它們雖然不是傳統上被海環繞的島嶼，像是西印度群島，但是它們也相當於一個個的「棲地島」（habitat island），四周環繞著牧場、農莊、以及森林遭砍伐後的禿地。在它們數百年的歷史中，哺乳動物種類減少的速度⑭，和島嶼生物地理學的數學推論一致。此外，按照理論來預測，國家公園的面積愈小，物種減少的速度也愈快。至於面積最大的保護區，像是相連在一起的瓦特頓－冰河國際和平公園⑮，到現在都還沒喪失任何物種。

在面積－物種的關係當中，有一項結果挺嚇人的：若移除了九○％的棲地，還可以讓近半數生物存活下來，但是在移除最後一○％的棲地時，可以一舉消滅剩下的五○％的物種。事實上，全世界的自然棲息地都在加速減少爲這樣大小、甚至更小的碎片。

熱帶雨林是全球生物多樣性的總部。雖然只占陸地地表的六％，它們的陸棲及水棲環境中，卻涵蓋了超過半數的已知生物物種。但是熱帶雨林也是生物滅種的頭號屠宰場，熱帶雨林已拆解成片片斷斷，甚至被逐個清除掉。在所有生態系當中，消失速度足以和它們匹敵的，只有溫帶雨林和熱帶乾林。根據聯合國糧農組織估計，自從一九八○年代以來，全球的皆伐（clearcutting，將當地森林減少到原有的一○％或更低）速度已經接近每年一

	1990年 剩餘的熱帶森林 面積（km²）	1980-90年 每年森林砍伐率 （km²/年）	1980-90年 每年森林砍伐率 （%）
玻利維亞	495,000	5,320	1.16
巴西	4,093,000	36,710	0.90
哥倫比亞	541,000	3,670	0.68
厄瓜多爾	120,000	2,380	1.98
秘魯	674,000	2,710	0.40
委內瑞拉	457,000	5,990	1.31

%。全球熱帶雨林的總面積，約比美國本土四十八州還小一點，但是它們被砍伐的速度卻高達每年半個佛羅里達州。根據聯合國糧農組織的估算，南美洲國家在一九八○到九○年間，砍伐熱帶森林的速度如上表所示（單位是平方公里）。

好幾位專家，包括英國生態學家麥爾斯⑯在內，認爲聯合國糧農組織低估了熱帶森林受損的速度，眞正的數據應該是每年二%，或相當於一整個佛羅里達州。但是在另一方面，根據最近的人造衛星數據，每年森林受損的速度應該更低，至少在南美洲的數據顯示，聯合國糧農組織的估計高出將近一倍。根據這批資料，玻利維亞在一九八六到九二年，森林受損速度爲○·五二%，而巴西在一九八八到九八年間，每年森林受損速度從○·三%至○·八一%不等⑰。

在陸地上的二十五個熱點⑱中，十五個地區主要坐落在熱帶雨林中。這些飽受威脅的生態系包括：巴西大西洋沿岸、墨西哥南部以及中美洲、熱帶地區的安地斯山脈、大安地列斯群島（Greater Antilles）、西非、馬達加斯加、印度的西高止山脈（Western Ghats）、印度至緬甸一帶（Indo-Burma）、印尼、菲律賓、以及新喀里多尼亞（New Caledonia）等地的潮濕熱帶森林。再加上以疏林草原（savanna）和海岸山艾樹（sagebrush）爲主要植被的其他熱點，所有的陸地熱點約占全球陸地面積的一・四%。然而，令人驚訝的是，它們不但是全球四四%植物的家，而且也是超過三分之一鳥類、哺乳類、爬蟲類及兩棲類動物的家。這些地區幾乎全都遭到嚴重破壞。譬如說，西印度群島、巴西大西洋沿岸、馬達加斯加、以及菲律賓等地的雨林，留存下來的森林還不及原來的十分之一。

許多物種早已自森林性的熱點中消逝無蹤。更多的物種則是瀕臨絕種。在噩夢般的場景中，一群伐木工人大隊，開著壓路機，帶著電鋸，不出幾個月就把這些棲地從地表上掃蕩精光——附帶也把世上一大部分的生物多樣性給清除掉。不過，勉強值得安慰的是，如果能好好保護剩下的這些小片陸地，我們還是能幫後代子孫保留住數百萬種生物。

此外，還有一些保留到現在的野地，仍能維持平衡狀態，這些地區通常稱爲邊陲森林（frontier forest）：像是廣大的亞馬遜雨林、中非（特別是剛果盆地）、新幾內亞、加拿大和俄羅斯聯邦的針葉林。傳說中的要塞馬來西亞、蘇門答臘以及婆羅洲，一度曾經屬於邊陲森林集團，但是最近幾十年來破壞嚴重，已失去野地的品質。

邊陲森林掙扎著進入二十一世紀，雖然已經是坑坑疤疤，但還稱得上完整。其中，全世界最大的單一保留區則是亞馬遜森林，它的面積比剛果和新幾內亞的森林加總起來還要大。搭飛機越過它的上空，放眼看去就像一片連綿不絕的綠色地毯，無邊無際，陽光照射在河川和U形湖面，閃閃發光，這兒是拯救生物世界的新希望所在。如果用腳一步步去探索它，就像科學家洪鮑特、達爾文和貝茨⑲，以及在他們之前數千年的美洲原住民所做過的，區區十平方公里所能找到的動植物種類，恐怕比整個歐洲的數目還多，我希望它有機會替我們保留到千秋萬世。

但是，大歸大，亞馬遜雨林並不安全。擁有這片野地的國家，比較想把它當成木材聚寶盆以及窮困農人的希望之地，而公司財團的決策者則預測，把這片土地上的樹木砍平，替之以熱帶作物後，財源將會滾滾而來。假使樹木只是以淺根附著地面，那麼很容易就會被推土機推倒，然後鋸成木材、木片、或是燒光，如此一來，不出幾十年，亞馬遜野地就將灰飛煙滅。現在它已有一四％的面積遭變更了。擁有三分之二亞馬遜和其他南美熱帶雨林的巴西，目前只劃出三％至五％的地區做爲全面保護區。而巴西政府最近訂出的保護區終極目標，也不過一〇％。

逐步崩毀的熱帶雨林

就我們所知，十分之一是救不了亞馬遜的。它沒辦法保得住衆多令巴西成爲生物多樣性首都的動植物群。理論上，十分之一的土地可以保住半數物種。但是，儘管傳言中亞馬遜如何生氣盎然，熱帶森林比起其他大多數生態系，都來得脆弱、缺乏彈性。它們的一大弱點在於土壤養分貧瘠，因爲大雨很容易就沖刷掉它們的土壤。位於北溫帶的闊葉林和針葉林，則是深植於地表的腐植土，種子可以埋藏其中，休眠數年之久。即使樹木砍光，只要土壤大致完整，原先的植物很快就可以生長回來。就算土地已耕作過好幾代，通常還是可以在不久的未來重生。但在亞馬遜的大部分地區，情況卻不是這樣。

試著想像你手裡拿著把小鏟子，走在一座典型的亞馬遜森林中，沖積平原位在遠方的下游。頭上是濃密成蔭的高大樹冠，在糾結纏繞的攀藤、叢生的棕櫚、和大樹的側根之間，你發現了一塊空地，開始挖土。只一鏟，你就穿過了落葉和腐植土；距離地表不過一、兩英寸，大部分有機物質都變少了。到處都可以看到缺乏落葉和腐植土的光禿地面，就好像掃帚掃過般。現在，再來看看這些樹和它們濃密的樹冠。在這個生態系裡，生物量是鎖在生物體內的。死去的植物落到地面後，是沒有時間堆積的。不出一會兒，它們就會被各種節肢動物、環節動物、眞菌及細菌兵團分解成碎屑。經過這些手續所釋出的最後階段的營養物質，馬上被樹木或下層灌木的支根吸收了。

當樹木自然倒塌，或是因小規模燒墾而使雨林出現小塊空地，薄薄的腐植土還是能留在原地，而那塊空地也會被四周鄰近森林的新生樹木所塡補。但是，被砍伐或燒光的若是一大片森林（通常都是這樣），由於距離實在太遠了，大部分腐植土沒辦法快速重新長出植物，不久後，滂沱大雨就會把它們沖得乾乾淨淨。

熱帶雨林典型的崩解過程如下。首先，開闢一條道路深入林地，爲的是方便伐木及居住。接著，小徑和小屋出現在道路沿途，獵人開始搜索方圓內的獵物（所謂野味），讓工作人員飽餐。等到當地最好的木材都砍光，不再是優良林地後，通常就會轉賣給經營牧場或是小農莊的人。不久，他們又會多修築一些小路，弄出像是魚骨頭般的路網，比如南美洲熱帶雨林現有的那條公路，通過隆多尼亞往西，然後又往北走，從瑪瑙斯直達靠近圭亞那的保維斯塔。

墾荒者先推倒大部分剩餘的樹木，一些用來當作木料，其他的就讓它們自行乾枯。一年後，他們再放火燒掉這些枯木。光禿的地有了這些灰燼，起碼可以保證幾年的好收成。等到這塊土地的養分眞正耗盡，墾荒者要麼再想辦法做最後的利用，否則乾脆棄守，搬到鄰近另一塊新地點。有些人夠幸運，甚至可以找到更深、更耐久、更肥沃的土地。破壞行動如此周而復始，亞馬遜森林終會像一片大地毯般，被人潮席捲一空。

落在魚骨區域內的土地，並不會出現立即且全面的破壞。隨著墾荒人腳步的推移，他們會東留一塊、西留一塊林地，可能在河邊、可能在陡坡上，也可能在沼澤地帶，算是魚骨沿線的小小避難所。然而，這些破碎的林地實在擔不起龐大亞馬遜生物的避難所角色。大型哺乳動物和可食用鳥類，一下子就被獵光了，造成保育生物學家所謂的寂林症候群（silent forest syndrome）。在一次鄰近瑪瑙斯的野外調查中，我專心研究一塊二・五英畝的碎林地，我還是可以在裡面找著各色各樣的螞蟻，但是我很淸楚，再不可能在其中遇到美洲虎、成群吼猴、或是野豬了。

像這樣的碎林地，即使保持完整，也不大可能做爲原始大森林的縮小版。它們好像被一個大餅乾模子切割過，周圍沒有保護性的邊緣植被，深受邊緣效應（edge effect，一種森林病）所苦。風從旁邊刮進來，會把碎林地外緣約一百公尺或更多的土地吹乾。於是，在這片外圍區域內，適應密林環境的地表植物便開始枯萎、死亡。連帶使它們頭頂上的大樹也變得虛弱。碰到當地常有的暴風雨，猛烈的強風就有可能折斷樹枝甚至整個樹冠。有些樹木完全傾倒，一路拖垮其他樹木，同時，因爲藤蔓在樹冠群中游走纏繞，傾倒的大樹彷彿牽動了繫船索般，連帶拉斷一堆樹木。

在無人干擾的森林中，也會發生樹木傾倒的意外；如果四周夠安靜的話，隔個一英里遠，都聽得見樹木倒塌的聲音。它們會在林地中弄出一個缺口（gap），但這是森林生長週期的正常現象，而這種缺口也不大，小到足以接收附近森林的種子。不久之後，小樹苗和草本植物便相繼在這片空地上冒出頭，使得原始林更加多樣。然而，在一塊四周砍伐過度的孤立森林外緣區域，上述的過程卻加快了，後果十分凶險。它弄出一大片空地，讓樹基暴曬更多陽光，殺死了喜好蔭涼的附生植物，也使得土壤和落葉變乾，讓有害的動植物入侵。結果，即便廣達一千公頃的破碎林地，其中棲地也可能在短期內完全改變。

這樣的森林即使存活下來，受損的部分還可能成爲更大災難的舞台。閃電或是農夫燒墾所引起的火災，會席捲所有變乾的外緣區域。在這樣的過程中，火勢借機壯大，一路燒進森林內部。

毀滅性的惡性循環

原始森林先是被道路和小型屯墾區切割成破碎林地，然後才全面砍伐。但是這種早期損害很難由空中觀察出來，甚至衛星遙測影像也未必能偵測到。要確實評估，最好還是在地面進行。二〇〇〇年，據估計已有超過四〇%的亞馬遜林地受到某種程度的人爲干擾。一段時間後，這些改變會累積到達關鍵點，開始惡性循環。當初期的損害散布開之後，新的入侵力量加入，彼此會相互強化，也就是環境科學家所謂的協同作用（synergism）。當聖嬰現象⑳造成乾旱時，森林火災會比平常來得猛烈。例如一九九八年，由於衆多森林大火造成濃煙蔽天，亞馬遜納州首府瑪瑙斯及其他位在下風處的機場，不得不暫時關閉一段時間。此外，過於濃厚的煙塵，不但會殺死小樹苗，甚至還能阻撓降雨：因爲煙塵中的微粒子會上升到空氣中，形成許許多多凝結核，使得大氣中的水分始終呈水氣狀，但是沒法凝結成夠大的水滴，降落到樹木和地表。

另一個同樣有害的協同作用則是，減少了亞馬遜樹木本身所產生的水氣。如此一來會造成氣候上的惡性循環：砍伐樹木，減少了降雨，結果失去更多樹木。亞馬遜流域上的降雨有一半來自森林本身，剩下的才是來自河川或是大西洋上空吹過來的雲層。森林產生的水氣是經由植物的維管束，輸送到葉片及枝條，然後蒸散出來。當亞馬遜因砍伐及燒墾而日益縮小，年降雨量也會跟著變少，使得殘存的森林生存壓力更大。此一過程的數學模型顯示，有一個引爆點存在，未來可能使得森林生態系整個崩潰，讓大部分土地變成乾燥的灌木林區。

同樣原理也適用於其他地方潮濕的熱帶森林。印尼的森林可能就很接近該理論所預測的關鍵毀滅程度。該地百分之八十的林地，已用於伐木業或改種油棕櫚及其他作物，而且砍伐作業也正在快速進行之中。這麼一來，再加上原本就很強烈的乾旱，造成好幾場熱帶亞洲有史以來最嚴重的森林火災。單是一九九七到九八年，便有約一千萬公頃林地被煙塵籠罩。甚至位於森林內部，先前潮濕得燒不起來的林地，也都損毀了。這塊區域大部分林地，包括婆羅洲島上一千五百萬公頃森林，由於生態體質已經變弱，破壞程度更加嚴重。這些森林主要由龍腦香科樹木組成，它們多半在聖嬰現象來襲的年分開花，然後散播種子差不多六週左右。成堆落地的種子是鹿、貘、豪豬、紅毛猩猩、鳥類、昆蟲以及其他各種動物的美味餐點。在一頓狼吞虎嚥後，這些傢伙還是留下足夠的種子，留待生長成下一批龍腦香樹苗。然而，自一九九一年起，印尼婆羅洲許多龍腦香科樹木都無法生育下一代，即使在周延保護的保留區內，依然長不起來。

簡單的說，人類活動對於廣大亞洲森林所造成的破壞，已將聖嬰現象從創造者變爲毀滅者。這是由於聖嬰南方振盪（ENSO）氣候週期的關係，期間熱帶海面的水溫會交替變暖（聖嬰現象）和變冷（反聖嬰現象）㉑。它們對氣候的影響，在不同地區略有差異，但就全球角度而言，它會先升高氣溫，然後降低氣溫並下雨，同時也增加暴風雨的頻率與強度。對於已經因人類行爲而變弱的自然環境，遇上ENSO，可能得付出毀滅性的代價。

全球暖化現象

近年來，ENSO無論在頻率及變動幅度上，都增加了。把它和全球暖化連在一起，似乎是個好點子，有些專家也眞的這麼做了。然而，這樣的立論並不很扎實。目前（二〇〇一年）所使用的氣候變遷數學模型，並未將焦點集中在海洋表面的小區域上。不過，就算ENSO的影響並未增強或增強程度有限，二十一世紀的氣候模型仍舊顯示，全球與ENSO相關的洪水或乾旱增多的機率，高達六六%至九〇%。

同時，我們也沒有道理再懷疑全球暖化本身，以及它對環境和人類經濟所造成的惡性影響㉒。根據年輪、冰河化石中的空氣樣本、以及其他參考物質來估計，自冰河期結束後的一萬年間，地表平均溫度變化小於攝氏一・一度。然而，從一五〇〇年到一九〇〇年，這個數據提高了攝氏〇・五度，而且從一九〇〇年到現在，又增加了攝氏〇・五度。研究這項趨勢最具權威的是跨政府氣候變遷委員會（Intergovernmental Panel on Climate Change，簡稱IPCC），這個單位擁有超過一千名世界各地的專家，每人對這個現象都有各自專精的角度。公元兩千年，他們證實了早先大家所懷疑的，全球暖化主要是由能夠吸熱的溫室氣體，如二氧化碳、甲烷、及氧化亞氮所引起的。根據冰河中保留的氣泡，可以估算出過去四十萬年的氣溫，而且還滿可靠的，因爲二氧化碳濃度的波動和地表溫度息息相關。如今，地球二氧化碳濃度達到四十萬年以來最高點，而且還沒有降低的徵兆。甲烷和氧化亞氮的情況也是一樣。可以確定的是，溫室氣體濃度增加是因爲工業活動大增以及森林砍伐和燒墾的緣故。

一九九五年，IPCC的科學家運用當時最先進的電腦程式，計算出全球地表平均溫度將會繼續加速升高，到了二一○○年，可能增加攝氏一度到三・五度。他們的結論和建議，轉化爲一九九七年的「京都議定書」（Kyoto Protocol），這份國際條約的目標是：十年內將溫室氣體排放量減少五・二%。最新的模型，也就是二○○一年發表的模型預測，如果不採取任何行動，本世紀內地球的地表平均溫度最少會上升攝氏一・四度，最多高達五・八度。（預測範圍之所以這麼大，在於不確定未來的人口成長、消費以及能源管理情況。）即使完全遵照「京都議定書」，也只能將地表溫度增加的程度減少爲○・○六度。這些預言可不可能弄錯了？我們衷心希望它是錯的，但是隨著時間一年年過去，它們愈來愈站得住腳，到最後，忽略它們甚至變成了罪惡。在生態學上，和在醫學上一樣，陰性的錯誤診斷結果，造成的傷害遠大於陽性的錯誤診斷。

愈來愈頻繁的熱浪、大風暴、森林火災、乾旱、以及洪水，正是史無前例的氣候變遷所遺下的產物。極地的冰帽注定會減少：公元兩千年夏天，一艘破冰船暢行無阻，穿越薄冰，直達一片約一點六公里寬的北極圈水域。如果趨勢不變，海平面將上升十到九十公分。全球各地淺海岸線都將沉沒。太平洋和印度洋上的許多環礁，包括小型島國吉里巴斯（Kiribati）、吐瓦魯（Tuvalu）、及馬爾地夫（Maldives），部分領土都會消失。在紐奧良、佛羅里達州群島投資房地產，長期風險似乎愈來愈大，更別提在巴哈馬或是紐約市買房子了。

當全球氣候暖化逐漸向兩極移動時，動植物的生存也益加困難。九千年前，當大陸冰河以每世紀一百九十公里的速度，撤離北美洲時，兩種喜好寒冷的雲杉也成功地尾隨於後。現在，它們塡滿了冰河消失後的加拿大和阿拉斯加，形成一片廣大針葉林。但是大部分樹種分布範圍的移動速度每世紀只有八到四十公里。面對二十一世紀，氣候帶北移速度加快，溫帶地區移動步調緩慢的本土動植物，麻煩可就大了。許多本土生物已經受困在彷彿海中孤島的自然保護區中，被作物農田及市郊住宅團團包圍。其他生物則要面對不一樣的風險：例如佛羅里達州的生物，受限於遺傳天性，它們只適應海岸邊的環境，然而這些環境就要因爲海面上升而淹沒了。

北美洲某些物種在受到氣候變遷的威脅時，還可以往北方或是內陸遷移。但是在世上其他地區，有些生態系卻走投無路。最極端的例子是凍原以及高緯度海域。即使最輕微的全球暖化，也會將它們逼向極地然後消逝無蹤。上千種生物，從地衣、苔蘚到企鵝、北極熊和馴鹿，都有可能消失。其他地區像是極地高山以及山地熱帶雨林的生物相，也面臨同樣命運。

無路可退的困境也困擾著岡瓦納陸塊上的動植物相。這些物種獨特的地區組成了一個不完整的環，形成南半球的無冰地帶。它們包括寒溫帶的南美洲南部、非洲最南端、馬達加斯加、南極洲、副南極棚島、印度次大陸和斯里蘭卡、澳洲、以及紐西蘭和新喀里多尼亞群島。原始的岡瓦納古陸是古代兩塊超級大陸之一（另一塊是勞亞古陸，位於北方），在白堊紀晚期，也就是約一億年前、恐龍年代尾聲的時候，分成現在這些陸塊。由於岡瓦納古陸占據地表相當大的部分，世界上最早的陸地演化事件，有不少是發生在這兒。例如，南非的古土壤便透露出二十億年前陸棲細菌的化學資料。這些證據如果證實爲眞，將會使已知的陸上生物存活年代增爲三倍。同時，岡瓦納陸塊也是已知最早的維管束植物的故鄉，它們大約起源於四億兩千五百萬年前的志留紀時代。

現存的岡瓦納陸塊生物，有些物種的歷史可以回溯到超級大陸時代，堪稱値得保護的寶藏。但是很不幸的，當氣候變暖，亞熱帶和熱帶溫度區不斷南移之際，一些寒溫帶的動植物卻只能退到印度洋裡。這種情況在非洲南部庫內納河及三比西河以下，尤其嚴重。那兒共有三萬種開花植物，其中六〇%以上都是別處找不到的特有種。在這塊地區，即便是最乾燥的棲地，都能算是地球上物種最豐富的地方。譬如說，裡頭包括超過全球四六%的多肉植物，形成一座美其名爲多肉植物高原（Succulent Karroo）的天然花園。

外來物種釀成災害

除了棲地破壞以及氣候變遷，外來物種激增也對全球自然界造成莫大壓力，這情況就好比把夏威夷的問題放大般。外來物種通常居住在市郊或農業區，與引進它們的人類比鄰而居。然而有時候，一小部分外來生物會在它們的生存環境中，適應了某個空缺的或是可強迫開放的生態區位。其中又有少數能夠滲透入天然環境中，有時並因此帶來毀滅性的結果。

根據美國國會技術評估處（Office of Technology Assessment of the U.S. Congress）的研究，到一九九三年爲止，起碼有四千五百種外來動植物及微生物，加入二十萬種已知本土生物的陣容，在美國落地生根。這項數值可能過分低估了。如果把極小的據點也包括在內，那麼根據公元兩千年所做的第二次評估，外來生物的實際數量可能會超過五萬種。有些進口的物種，例如一些穀物及家畜品種，幾乎占了美國農產品的全部，這算是我們的福氣。但是另一些生物，包括一大隊農業及家庭害蟲，卻讓美國每年付出近一千三百七十億美元的代價。

這些釀成災害的生物，有些完全是善意引進美國的。一八九〇到九一年間，一名人士將大約一百隻歐洲椋鳥野放進紐約市，他的用意是想讓莎士比亞描述過的這種鳥長存美國。如今，牠們簡直是美國的瘟疫。至於其他入侵者，大部分都是像偷渡客般悄悄溜進來的。

如果這股移民潮繼續不斷，會產生什麼樣的長期影響？這些愈來愈豐富的動植物，可不可能帶給人類益處多於害處呢？基於經驗，答案幾乎完全是否定的。除非我們能掌控比現今更多的生物知識，小心輸入數目有限、安全、有益的物種，我們或許得以扭轉乾坤。原因清楚記載在全球各地的相關案例中。這些移民生物在原產地，自有天敵或是其他族群調控機轉來控制。驟然解除限制，來到一個全新的環境，有些生物立刻數目暴增，而且散播得到處都是。雖然有些生物在某方面提供了益處，但是它們在其他方面造成的損害往往抵消了益處。好些生態學家在最近幾本新書的書名中，諷刺這種失衡狀態，像是：《異形入侵》、《美國最不需要的》、《生物污染》、《失控的生命》、以及《樂園裡的陌生客》㉓。以下便是發生在美國環境裡的一些實例，害處全都超過益處。

●栗枝枯病（*Cryphonectria parasitica*）。一九〇四年，藉由亞洲栗木材意外引進紐約市，之後五十年內，它們席捲了九千萬公頃的森林。害處：這種眞菌眞的會消滅美國栗，也就是美國東部森林的主要樹種。它因此改變並削弱了整個森林環境。除了昆蟲學家外，幾乎沒有人注意到，還有七種專門吃食美國栗的蛾類也跟著滅絕了。益處：尙未發現。

●紅火蟻（*Solenopsis invicta*）。這種惡名昭彰的小昆蟲，是在一九三〇年代由巴西及阿根廷邊界地區，引進阿拉巴馬州的莫比爾港，方式很可能像偷渡客那樣藏身船舶的貨艙中。後來，牠們傳遍了整個南方，從加州到德州。一九九〇年代，牠們甚至在南加州建立了一個小王國。害處：針刺有如一根熱針頭的入侵火家蟻，是農田及家庭中的一大害蟲，同時也威脅到野生生物。益處：牠們會捕食並減少甘蔗田裡的其他害蟲。但是如果可以選擇的話，我想農民恐怕寧願留下那些害蟲。

●亞洲家白蟻（*Coptotermes formosanus*），也就是所謂「啃食紐奧良的白蟻」。害處：繁殖飛快、暴食、難以消滅，從佛羅里達到路易斯安那，每年有數億美元的損失應該記到牠們的頭上。益處：一定有才對，只是到目前爲止還沒找到。

●斑馬貝（*Dreissena polymorpha*）。這種小型、具有帶狀紋路的雙殼貝，是在一九八〇年代由黑海或裡海，引進五大湖區。牠們很快就順著密西西比河谷散布開來，最後到達灣岸。最近牠們又搭乘小飛機進駐紐約和新英格蘭。超級多產的斑馬貝，在淡水湖及其支流中，形成一道連綿不絕的貝殼河床。害處：首先，牠阻塞了電力設施管道的入口，害得電力失靈。根據美國漁業暨野生生物處的資料，到二〇〇二年爲止，斑馬貝在電力以及其他方面造成的損失，已累積了五十億美元之多。斑馬貝還消滅了好幾種美國本土軟體動物，因爲後者的繁殖速度沒有牠們快，因而被排擠掉。此外，藉由過濾並清理水中特定物質，牠們也減少了水中的浮游植物，使得其他濾食動物的食物來源變少，進而又再影響到靠這些濾食動物爲食的動物。換句話說，牠們改變了整個水生生態系。益處：由於斑馬貝的關係，水質變清澈了，例如伊利湖，水生植物因而更加茂盛。結果也使得某些本地產的軟體動物和魚類，數目增加。如果不計較經濟損失，斑馬貝對環境的終極影響是什麼，很難評定，但是牠們的激進和多產，卻對環境造成極大的風險。不過，話說回來，爲什麼要把經濟損失擱在一邊？五十億美元到底不是個小數目。

● 紫千屈菜（*Lythrum salicaria*）是從歐洲引入美國大西洋岸，做爲花園及濕地的觀賞植物。這種能在潮濕土壤中生長茂盛的多年生植物，侵略蔓延了整個美國北部地區，甚至進入加拿大東南部。害處：保育人士稱之爲「紫色瘟疫」，紫千屈菜排擠掉香蒲以及其他多種美國原生的溼地植物。益處：如今，美麗的陌生客占滿了大部分的美國半野生地區，它們那豐茂的長花穗，在夏天製造出一片美景。幫自然環境增添一抹色彩是件好事，但是生物學家和保育人士還是要強調，切不要因此犧牲了本土的溼地植物。

● 檉柳（*Tamarix*，檉柳屬植物）。這種體型嬌小的小樹叢是由歐亞大陸引進的，此後便成爲美國沙漠裡的標準河邊景致。害處：它們吸收地下水的效率超高，勝過許多本土植物，使得野生生物的種類和數目不如以往豐富。益處：檉柳是一種很悅目的遮蔭樹，對於不了解或是不關心它們有害於生物環境的人士，是很令人欣賞的植物。

● 葛藤（*Pueraria lobata*）。適應性非凡的豆科蔓藤，能夠在一小時內生長兩英寸，它們是在一八七六年被引進美國的，當時爲的是要裝飾費城百年世界博覽會的日本展覽館。害處：把葛藤稱爲「吃掉南方的植物」，一點都不過分，就好比原本友善的異形，突然發了狂。它們繁殖得很快，不只掃過貧瘠的紅黏土地，也覆蓋了其他多種棲地，從開闊林地到市郊，纏繞住樹木、電線杆、高速公路標示、以及小型建築物。它們更遮蔽了花園及小型農地。由於葛藤的過度繁殖，美國每年約得付出五千萬美元為代價。益處：自從一九〇〇年代起，葛藤便用做遮蔭植物，以及家畜的糧草作物。一九三〇年代，當美國南方許多農耕土地遭侵蝕成瘠地時，葛藤發揮了它們的超級能耐，使土壤不再流失，進而復原。美國土壤保育處以及民間的葛藤俱樂部都大力推廣種植它們。目前，大家認為葛藤是好壞參半，但是不要也無所謂。

●野牡丹（*Miconia calvescens*）。這種極富吸引力的樹，原產熱帶美洲，被引進法屬玻里尼西亞，做為觀賞之用。害處：如今大溪地人稱之為「綠癌」，因為它們溜出栽種區，繁殖成濃密的樹叢，高度可以達到十五公尺，因而排擠掉其他各種植物。目前它們已經占據了該島約三分之二。同時，野牡丹也成為夏威夷熱帶林的所有入侵物種中，最具威脅的生物，當地到現在為止都小心翼翼，以勤於除草來控制它們。益處：如果你有辦法不讓它們溜出花園的話，它們長得倒是蠻好看的。不過，重新考慮一下，也許還是不要把它們養在戶外比較妥當。

●冷杉球蚜（*Adelges piceae*）。這是一種非常小的昆蟲，但是對環境的衝擊卻很大。害處：這種歐洲產的蚜蟲，相當於能害栗樹枯萎的眞菌，它們眞眞確確殺死了大煙山國家公園所有的成年冷杉，因此也等於消滅了美國南方四分之三的雲杉—冷杉林。益處：還沒找到，雖說國家公園處以及林務專家可能很想知道。

●褐樹蛇（*Boiga irregularis*）。二次大戰後不久，由新幾內亞或是所羅門群島引進關島，有人認為這種有毒爬蟲類是所有外來生物中最可怕的一種，不過這個說法還有爭議。害處：牠們吞食大量的鳥類，身長可以達到三公尺，密度曾經高達每平方公里近五千條。關島森林中有十種動物遭到褐樹蛇消滅，包括某種秧雞、魚狗、以及當地獨有的鶲類。這種大蛇在森林中出沒，同時也會攻擊農莊和住家，偷吃籠中的雞，攻擊人們飼養的寵物。夏威夷官方對於褐樹蛇保持高度警戒，過去這些年來，他們曾經多次在檀香山機場攔截下闖關的褐樹蛇。一旦褐樹蛇在夏威夷成功繁殖，而且表現得和在關島一樣，牠們將會大舉消滅當地鳥類，包括外來和原生的鳥種。益處：由於有毒爬蟲類普遍不受歡迎，而且蛇肉市場又變幻莫定，短期間內，褐樹蛇應該不會成為任何地方的熱門引進物種。

一百年後的世界

如果目前的環境趨勢不變，百年後的自然世界會是什麼樣子呢，且讓我們想像一下：在二一〇〇年，地球上還是有透納㉔式的無生命美麗風景。人們依舊能欣賞白雪皚皚的山頭，波浪拍擊的海岬，以及白色水花翻騰入池的畫面。但是生物世界呢？龐大的人口數終於增加為九十至一百億，霸占了地球上所有適合居住的地方，把這些地點變成一幅馬賽克拼圖，裡頭點綴著一塊塊農田、林地、道路以及住宅區。要感謝二一〇〇年之前完成的各項措施，包括大規模的海水淡化技術、新的淡水運輸方式以及灌溉法，使得旱地也能由褐黃轉變成一片綠油油。全球每公頃土地糧食生產量已遠遠超越公元兩千年的水準。超過五萬種可供食用的植物，大都用到農業上了，同時，基因工程也已派上用場，將舊有品種作物的生產量擴增到極限。

全球化的科技文明已然由種族與階級衝突的鍋爐中，冉冉升起，但是衝突仍舊不止息、在下頭悶燒。比起二〇〇〇年，二一〇〇年的人類在糧食與教育方面都有所改善，但是，大部分人口還是處於開發中世界，而且即使用一百年前（即現在）的工業國家標準來看，依舊貧窮。居住在一個「邁入二十二世紀時，人口注定過多」的星球上，菁英富國繼續與充滿怨懟的貧國衝突。戰爭和恐怖主義是變少了，但世界依然緊張，依然受到人性的痛苦矛盾所支配。

二一〇〇年，人口快速老化。因爲大部分疾病都消滅掉了，包括一些遺傳疾病。幾乎各地醫療服務改進的幅度都很驚人。大新聞是壽命延長了，代價則是醫療費用驚人的暴增。百歲人瑞到處都是。老化的秘密揭曉了，生育率也下跌到不致使人口增加的水準，尤其是在富裕國家，大可從貧窮國家源源徵召到年輕人。由於異族通婚頻繁，公元兩千年已有相當進展的世界人類基因均質化，到時將進行得更加快速。與公元兩千年相比，同一地區內居民的基因差異將更大，但是不同地區之間的人類基因差異卻變小了。隨著世代的推移，種族的差異變得愈來愈模糊。

然而，這些變化一點兒都不會改變人性。不論我們的科學和技術多成熟，我們的文明多進步，或是我們的自動化機械有多強大，二一〇〇年的人類依然是一種幾乎沒有改變的物種。我們還是有我們的長處，我們也還是有我們的短處。這是所有生物的本性：任意繁殖和擴張，直到大自然反噬爲止。反噬是由回饋圈組成的：疾病、饑荒、戰爭、以及競奪稀有資源，它會不斷加強，直到環境壓力減輕爲止。在這些回饋圈當中，有一項是人類獨有的，它可以抑制其他的回饋圈，那就是：刻意設限。如果二〇〇〇年的趨勢繼續下去，那麼就如同我所預料的，表示人類刻意的限制沒有奏效。

二一〇〇年的自然環境悽慘之至。邊陲森林大都沒了，再沒有亞馬遜、或剛果、或新幾內亞野地，同時，大部分的生物多樣性熱點也隨之消失。珊瑚礁、河川以及其他水生棲地，全都受創嚴重。隨著這些最豐富的生態系一起消失的，則是地球上超過半數的動物及植物。只剩下東一塊、西一塊的野生棲地，由夠富裕、夠聰明的政府或是私人擁有者，搶在人潮席捲全世界之際，趕緊保留住它們。

和人類基因多樣性的情況一樣，這些能掙扎到二一〇〇年的零碎生物多樣性，也變得愈來愈簡化。一股四海爲家的外來生物潮，挾帶著一群來自諸多不同動植物區系的「移民」，湧入世界上的每一個動植物區系。於是，不管到什麼緯度的地方去旅行，遇到的多半都是同樣一小群由外地引進的鳥類、哺乳動物、昆蟲及微生物。這些備受喜愛的外來生物組成了一小隊人類最佳伴侶，隨著我們的全球化商業運輸網，遨遊四海，在我們創造出來的簡化棲地中求生存。變老也變聰明的人類族群，如今非常了解（雖說爲時已晚），地球與公元兩千年時相比，貧乏多了，而且以後永遠如此。

如果環境現況繼續下去，上述情節極可能發生在二一○○年。二十一世紀最值得紀念的遺產，將會是等在人類面前的寂寞年代。在邁進這個寂寞年代前，我們可能會留下一份這樣的遺囑：

我們遺留下合成的夏威夷叢林，以及一片灌木林地（從前曾是物種豐盈的亞馬遜森林），另外還留下一些我們不想浪費掉的、零碎的野生環境。你們面臨的挑戰在於利用基因工程創造新式的動植物，並設法讓它們適應人工生態系。我們知道，這項壯舉可能永遠也無法達成。我們也相信，你們當中有些人連想到要這樣做都覺得厭惡。祝你們好運。如果你們勇往直前而且成功了，我們還是會遺憾，你們的產品再好，也不可能比得上大自然原本的創作。請接受我們的道歉，以及這座描繪世界曾經如何奇妙的視聽圖書館。

【注釋】

①譯注：生命地球指數（Living Planet Index），爲世界自然基金會（World Wide Fund for Nature）發表的《生命地球報告》（*Living Planet Report*）中所提出，係根據全球森林、淡水及海洋生態系統的狀況，來評估地球環境健康的指數。

原注：生命地球指數取材自世界自然基金會、新經濟基金會，以及世界保育監測中心（Gland, Switzerland: World Wide Fund for Nature）的年度報告 *Living Planet Report* (1998-2000)。這份報告對自然界的評估，亦經過以下另一份當代研究報告的證實：*World Resources 2000-2001: People and Ecosystems—The Fraying Web of Life*，由三個單位聯合製作：世界資源研究所、聯合國開發暨環境計畫，以及世界銀行（Oxford: Elsevier Science, 2000; Washington, D.C.: World Resources Institute, 2000; summary available at www.elsevier.com/locate/worldresources）。

②原注：關於夏威夷動物相和植物相的故事，出處很多，包括：本人所著的 *The Diversity of Life* (Cambridge, MA: Belknap Press of Harvard Univ. Press, 1992) ——中譯本爲《繽紛的生命》，金恆鑣譯（天下文化）; Elizabeth Royte, *National Geographic* 188 (3): 4-37 (September 1995); Lucius G. Eldredge and Scott E. Miller, *Bishop Museum Occasional Papers* (Honolulu) 48: 3-22 (1997); James K. Liebherr and Dan A. Polhemus, *Pacific Science* 51 (4): 490-504 (1997); Stuart L. Pimm, Michael P. Moulton, and Lenora J. Justice, *Philosophical Transactions of the Royal Society of London* (Ser. B: Bilological Sciences) 344 (1370): 27-33 (1994); L. G. Eldredge and S. E. Miller, *Bishop Museum Occasional Papers* (Honolulu) 55: 3-15 (1998); Warren L. Wagner et al., *ibid*. 60: 1-

58 (1990); and George W. Staples et al., *ibid.* 65: 1-35 (2000)。

③譯注：適應輻射（adaptive radiation），一個占有演化優勢的族群分歧出許多從屬的族群，以適應更具局限性的生活型態。

④原注：關於保育生物學這項新學門可參考Richard B. Primack的著作*A Primer of Conservation Biology*, Second edition (Sunderland, MA: Sinauer Associates, 2000)。在許多專門討論這個主題的期刊中，範圍最廣、最具代表性的是：*Conservation Biology*, published by Blackwell Science (Boston, MA) for the International Society of Conservation Biology。

⑤原注：溫哥華島土撥鼠極度瀕危的故事，取材自土撥鼠復育基金會 (Vancouver, British Columbia, www.marmots.org)與加拿大世界野生生物基金會合作出版的刊物。我要感謝Andrew A. Bryant，他是研究溫哥華島土撥鼠的重要生態學家，謝謝他告訴我該動物最新狀況（私下意見交換）。

⑥原注：關於夏威夷群島和社會群島原生樹蝸牛的滅絕事件，可參考IUCN Invertebrate Red Data Book(1983)；更詳盡的資料可參考：James Murray et al., *Pacific Science* 42 (3,4): 150-3 (1988)；以及Nancy B. Benton et al., *America's Least Wanted* (Arlington, VA: The Nature Conservancy, 1996)。我還要感謝Bryan C. Clark和Werner Loher告知更多有關莫雷亞島*Partulina*屬蝸牛目前狀況的資料（私下意見交換）。

⑦原注：關於青蛙和其他兩棲類數量衰減的資料，主要取材自Jeff. E. Houlahan et al., *Nature* 404: 752-5 (2000)，這份報告的數據來自三十七個國家兩百名生物學家所蒐集的九百三十六個族群的資

料，其中大部分觀察地點都在歐洲和北美地區。另外還有一份對應的爬蟲類報告：J. Whitfield Gibbons et al., *BioScience* 50 (8): 653-66 (2000)。

⑧原注：近親交配與物種衰減的關係，在各種動物的評估如下：大松鷄，Ronald L. Westemeier et al., *Science* 282: 1695-8 (1998)；格蘭維爾蛺蝶，Ilik Saccheri et al., *Nature* 392: 491-4 (1998)；獵豹，T. M. Caro and M. Karen Laurenson, *Science* 263: 485-6 (1994)。

⑨原注：關於安德魯颱風使蕭氏鳳蝶野生族群驟減的敘述，請參考：Michael J. Bean, *Wings* (Xerces Society, Portland, OR) 17 (2): 12-15 (1993)。

⑩原注：1980年代造成厄瓜多爾衆多植物滅絕的森地內拉大災難，請參考本人所著的 *The Diversity of Life* (Cambridge, MA: Belknap Press of Harvard Univ. Press, 1992) ——中譯本爲《繽紛的生命》，金恆鑣譯（天下文化）。

⑪原注：美國淡水貝類的衰減，請參考：William Stolzenburg, *Nature Conservancy*, pp. 17-23 (November/December 1992)。美國阿拉巴馬州 Black Warrior 和 Tombigbee River 地區，水壩對三十種生物造成的致命影響，請參考：James D. Williams et al., *Bulletin of the Alabama Museum of Natural History* 13: 1-10 (1992)。

⑫原注：關於棲地消失，尤其是森林的消失，在美國以及一些其他國家的數據，請參考：Reed F. Noss and Robert L. Peters, *Endangered Ecosystems: A Status Report of America's Vanishing Habitat and Wildlife* (Washington, D.C.: Defenders of Wildlife, 1995); R. L. Peters and R. F. Noss, *Defenders*, pp. 16-27 (Fall 1995); and Reed F. Noss, Edward T. LaRoe III, and J. Michael Scott, *Endangered*

Ecosystems of the United States: A Preliminary Assessment of Loss and Degradation (Washington, D.C.: U.S. Department of the Interior, National Biological Service, 1995)。

⑬譯注：此種棲地面積與物種數目的關係，係根據島嶼生物地理學（island biogeography）理論而來，該理論提出面積—物種公式：$S=CA^z$（式中A爲面積，S是物種數，C是常數，Z爲特定參數，會隨著生物類別而不同，通常介於〇・一五到〇・三五之間），詳細說明可參考《繽紛的生命》，威爾森著（天下文化）。

⑭原注：關於北美國家公園哺乳動物的數量衰減，請參考：William D. Newmark, *Conservation Biology*, 9 (3): 512-26 (1995)。

⑮譯注：由於美國蒙大拿州的冰河國家公園與加拿大亞伯達省的瓦特頓湖國家公園兩地相連，兩國決議不在交界處設下任何藩籬，使得兩地之間的野生動物可以自由來去，同時也象徵著國際間的和平，因而合稱爲瓦特頓—冰河國際和平公園（Waterton-Glacier International Peace Park）。

⑯譯注：麥爾斯（Norman Myers, 1934-），英國生態學家，一九八八年他與同僚首度提出生物多樣性熱點（hotspot，或稱做危機區、關鍵點）一詞，他們列出世界上一些特有物種眾多但又面臨危機的主要地區，提醒人們應儘早立法保護這些地區，以維護地球上的生物多樣性。

⑰原注：關於全球熱帶森林狀況，尤其是亞馬遜雨林的資料，出處很多，包括：*Living Planet Report 1998* (Gland, Switzerland: World Wide Fund for Nature, 1998); William F. Laurance et al., *Ecology* 79 (6): 2032-40 (1998); W. F. Laurance, *Natural History* 107 (6): 34-51 (July/August 1998); Nick Brown, *Trends in Ecology & Evolution* 13 (1): 41 (1998); Emil Salim and Ola Ullsten, cochairs, *Our*

Forests, Our Future (Report of the World Commission on Forests and Sustainable Development) (Cambridge, UK: Cambridge Univ. Press, 1999); Claude Gascon, G. Bruce Williamson, and Gustavo A. B. da Fonseca, *Science* 288: 1356-8 (2000); Bernice Wuethrich, *Science* 289: 35-7 (2000); and William F. Laurance et al., *Science* 291: 438-9 (2001)。至於其他有關熱帶森林砍伐的資訊與意見，包括最近的人造衛星資料，我要感謝：Claude Gascon, Richard A. Houghton, Norman Myers, and Marc Steininger。

⑱原注：關於全球的生物多樣性熱點（hotspot，就是那些擁有許多特有物種又面臨威脅的棲地），最早的描述請參見：Norman Myers, *The Environmentalist* 8 (3): 187-208 (1988) and *ibid.* 10 (4): 243-56 (1990)。最新的描述可參考：Russell A. Mittermeier, Norman Myers et al., *Hotspots: Earth's Biologically Richest and Most Endangered Terrestrial Ecoregions* (Mexico City: CEMEX, Conservation International, 1999)。亦可參考另一份新出版的摘要：Norman Myers et al., *Nature* 403: 853-8 (2000)。

⑲譯注：洪鮑特（Alexander von Humboldt, 1769-1859），德國博物學家，以美洲、亞洲地理探測聞名。達爾文（Charles Darwin, 1809-1882），英國博物學家，一八三一年搭英國海軍艦艇「小獵犬號」出海調查五年，孕育出「天擇」演化思想。貝茨（Henry Walter Bates, 1825-1892），英國博物學家和探險家。

⑳譯注：南美祕魯一帶沿海漁民發現，在聖誕節前後沿海海面的溫度會異常上升。這種海水變暖的現象每隔數年會特別強烈、持久，不僅造成漁獲量顯著減少，同時南美各地亦有異常降雨，當地居

民將此種現象稱爲「El Ninõ」，意思是上帝之子，中文稱做「聖嬰」現象（或譯爲艾尼紐）。

㉑譯注：聖嬰現象的特徵爲東、西太平洋海面溫度的異常改變，此現象伴隨著南太平洋東、西兩邊氣壓呈蹺蹺板式的振盪現象，稱爲「南方振盪」（Southern Oscillation）。當海面溫度呈現東高西低時，氣壓變化則爲西高東低，兩者緊密相關，合稱爲聖嬰南方振盪（El Ninõ Southern Oscillation，簡稱ＥＮＳＯ）。

反聖嬰（La Niña，意思爲女嬰）是聖嬰的相對詞，聖嬰現象造成鄰近赤道的東太平洋海面溫度較高，反聖嬰現象則使得海面溫度比平常低。兩者均對熱帶太平洋地區影響顯著。聖嬰現象發生時，西太平洋的印尼、澳洲會發生旱災，而位於東太平洋的祕魯、厄瓜多爾則會有水災。反聖嬰現象則剛好相反。

㉒原注：全球暖化目前對生物造成的影響，以及未來可能的影響，請參考：Walter V. Reid and Mark C. Trexler, *Drowning the National Heritage: Climate Change and U.S. Coastal Biodiversity* (Washington, D.C.: World Resources Institute, 1991); Robert L. Peters and Thomas E. Lovejoy, eds., *Global Warming and Biological Diversity* (New Haven: Yale Univ. Press, 1992); E. O. Wilson, *The Diversity of life* (Cambridge, MA: Belknap Press of Harvard Univ. Press, 1992) ——中譯本爲《繽紛的生命》，金恆鑣譯（天下文化）；Christopher B. Field et al., *Confronting Climate Change in California: Ecological Impacts on the Golden State* (Cambridge, MA: Union of Concerned Scientists Publications, 1999); Richard Monastersky, *Science News* 156 (9): 136-8 (1999)。跨政府氣候變遷委員會（簡稱ＩＰＣＣ）二〇〇一年對於全球暖化的評估，參見：Richard A. Kerr, *Science* 291:

566 (2001)。此外，我還參考了IPCC第一組和第二組的摘要報告，以便釐清決策者，在此也要感謝小組主管之一James J. McCarthy，謝謝他幫忙校閱我對IPCC報告的簡短評論。

㉓原注：關於入侵物種，尤其是美國地區，可參考一系列精彩的報告與專書，本書所引用的包括：David Pimental et al., *BioScience* 50 (1): 53-65 (2000); Walter E. Parham, *Harmful Non-indigenous Species in the United States* (Washington, D.C.: Office of Technology Assessment, Congress of the United States, 1993); Corinna Gilfillan et al., *Exotic Pests* (Washington, D.C.: National Audubon Society, 1994); Stuart Pimm, *The Sciences* 34 (3): 16-19 (May/June 1994); Bruce A. Stein and Stephanie R. Flack, eds., *America's Least Wanted* (Arlington, VA: The Nature Conservancy, 1996); Donald R. Strong and Robert W. Pemberton, *Science* 288: 1969-70 (2000); Bill N. McKnight, ed., *Biological Pollution: The Control and Impact of Invasive Exotic Species* (Indianapolis: Indiana Academy of Sciences, 1993); Daniel Simberloff, Don C. Schmitz, and Tom C. Brown, eds., *Strangers in Paradise: Impact and Management of Nonindigenous Species in Florida* (Washington, D.C.: Island Press, 1997); and Chris Bright, *Life out of Bounds: Bioinvasion In a Borderless World* (New York: W. W. Norton, 1998)。關於歐洲椋鳥被引進美國的描述，請參考：Anthony C. Janetos, *Consequences* (Saginaw Valley State Univ., University Center, MI) 3 (1): 17-26 (1997)。

㉔譯注：透納（Joseph Turner, 1775-1851），英國風景畫家，畫風富於光和色彩的變幻。

第四章　地球殺手

當地栗傈族獵人描述，

他們是如何一隻隻的追獵蘇門答臘犀牛，

直到一隻也不剩。

獵人說，都沒了，

已經好多年沒看到半隻犀牛了。

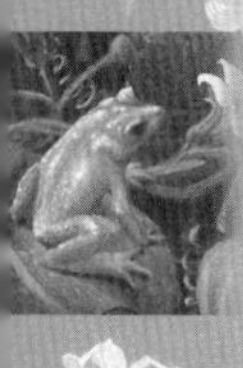

與艾美相遇

在我人生中，有個難忘的時刻發生在一九九四年一個五月的黃昏，地點是辛辛那提動物園展示區後面的房間，在那兒，我走向一隻四歲大、名叫艾美的蘇門答臘犀牛①，凝望了一會兒她那悲慘的臉，然後用手輕輕撫平她側腹上的毛髮。她沒有任何反應，只除了好像有眨一下眼。就這樣，就是這麼回事。無論如何：我終於遇見屬於我的、活生生的獨角獸。

蘇門答臘犀牛是一種非常特別的動物，極端害羞且行蹤隱密。牠們也是世界上最稀有的生物之一，被國際自然及自然資源保育聯盟（簡稱IUCN）的紅皮書列為「極度瀕危」（critically endangered）生物。就在我和艾美見面那個黃昏，牠們的總數可能還不到四百隻，而且之後數目仍不斷下降。如今，在我寫作本書的二〇〇一年，牠們只剩下差不多三百頭了，其中十七頭為人工飼養。這種動物可能沒有幾十年可活了。至少有一位專家，福思（Thomas Foose），認為牠們只有五〇%的機率能活到本世紀中葉。

在野生動物學者與保育生物學家的眼中，蘇門答臘犀牛是一種傳奇動物。許多到牠們產地森林中尋找芳蹤的人，幾乎連驚鴻一瞥都難。這些人通常只能寄望在河邊或山脊上，找到牠們打滾過的泥坑和足印。收穫好一點的人，也許可以聽見牠們在樹叢中行走的沙沙聲，或是嗅到空氣中飄揚的一抹麝香。至於我，甚至連那種樂趣都不可能享受得到。但是相反的，我能保有與艾美相遇的記憶，以及一小撮蘇門答臘犀牛的毛髮，我把這撮毛髮保留在書桌上，做爲蘇門答臘犀牛以及所有消失中的生物所留給我的護身符。

蘇門答臘犀牛的另一項特點在於，牠們是活化石。牠們的屬最早可以推到漸新世，起碼是三千萬年之前（相當於回溯至恐龍年代的一半時間），使得牠們成爲除了幾種熱帶蝙蝠之外，世界上最古老、幾乎沒改變的哺乳動物。我忍不住要想，那個黃昏是多麼的不凡、令人震驚，我竟然能在地球的另一端，可能是牠們在地質年代中存在的最後一刻，觸摸到這種神奇的動物。

那天帶我去參觀的是辛辛那提動物園園長馬魯斯卡（Edward Maruska），此人熱愛蘇門答臘犀牛。他告訴我，這邊已經收容了三隻成年犀牛，希望還能找到更多，建立一個後備繁殖中心，算是跨國性的努力，因爲這種動物很可能自野外滅絕。每天晚上，這批人工飼養的犀牛就會回到溼淋淋的水泥建築物中，接受鐵窗鐵門的保護。到了白天，蘇門答臘犀牛會來到隔鄰的展示間，在模擬自然的棲地中閒逛，並享用一頓重達五十公斤的飼料大餐。我參觀的夜間居所裡面，不斷播放著輕柔的搖滾樂。樂聲的用意在於讓牠們習慣聲響，以免突如其來的噪音嚇著牠們——譬如說甩門的聲音，或是飛機經過的噪音。

步向滅絕的犀牛

犀牛曾經是地球上的統治者之一。在人類出現前數千萬年，世界上有各式各樣的犀牛，從像河馬般的小犀牛，到比大象還大的巨犀牛，在世界上大部分的森林與草原中，是優勢的大型草食性動物。蘇門答臘犀牛是五種存活下來的犀牛之一。牠們是亞洲唯一有兩個角的犀牛。比蘇門答臘犀牛更罕見的爪哇犀牛，則只有一個角。爪哇犀牛的近親，體型較大的印度犀牛也是只有一個角，牠們是世上體型第三大的陸地動物（僅次於非洲象及亞洲象），數目還算夠多，全球約有二千五百隻，因此被保育生物學家列爲「瀕危」（endangered）而非「極度瀕危」生物。黑犀牛和白犀牛僅見於非洲撒哈拉沙漠周邊，和蘇門答臘犀牛一樣，也具有兩個角，但是牠們和蘇門答臘犀牛很不相同，而且牠們兩者間也很不同。不過，牠們也名列瀕危生物，處境岌岌可危。

就解剖構造來看，蘇門答臘犀牛是五種現存犀牛當中最特殊的。雖然體型最小，成獸只有約一千公斤，但相對於其他動物還是很大。牠具有一項其他犀牛所沒有、遠古犀牛始祖才有的特徵：身上披著茸茸毛髮。剛出生時，毛髮黑短、捲曲，青年期變成紅棕色的波浪形，最後老年期又變成稀稀落落的深色剛毛。一般人很不習慣見到長著毛髮的犀牛，主要是因爲蘇門答臘犀牛太少見了，不論是活生生的實體，或是自然史教本中的圖片，都難得一見。

蘇門答臘犀牛最適合生活在有很多靜止水塘的山地雨林中。牠們是強有力且敏捷的爬山專家，被追急了，可以衝過矮樹叢，在陡坡上上下下。牠們也有辦法輕易渡河或湖泊，有些甚至被人撞見在大海中向著外海游起狗爬式來。白天，牠們到處閒逛，在泥坑或池塘中打滾，一方面是爲了涼快，另方面則是讓體表的泥層保護自己不受邪惡的馬蠅攻擊，因爲亞洲的低地森林盛產馬蠅。

到了晚上，蘇門答臘犀牛會在成熟的樹林下覓食，在樹木傾倒的空地及河濱，則吃食更鮮嫩多汁的小樹苗及灌叢。牠們會一邊踩踏植物，一邊用那粗短的角來折斷矮樹枝，以便多吃些點心。從泥坑到主要的覓食地，往往已踩出一條明顯的路徑。另外，蘇門答臘犀牛也會不時造訪鹽鹼地，以攝取生存上不可或缺的礦物質。身爲草食性動物的牠們，除非被激怒，一般並不兇猛：只有在自我防衛、保護幼獸、或是驅逐入侵領域的其他犀牛時，才會發動攻擊。

除了偶一爲之的交配，以及雌犀牛照顧幼子外，蘇門答臘犀牛平常都是獨來獨往的。正常情況下，幾乎看不到牠們的蹤影，每一隻成年犀牛的領域約爲十到三十平方公里，只有當地糧食用罄時，牠們才會轉換泥坑及覓食地點。雌犀牛一胎只生一隻，然後帶在身邊照顧三年。之後，她們便會將小犀牛趕走，讓小犀牛去找尋自己的領地。人工飼養的蘇門答臘犀牛，最高壽命紀錄爲四十七歲。然而，由於人類捕獵壓力極大，如今野外可能難有高壽犀牛。

蘇門答臘犀牛族群的衰減，是漸進且不知不覺的，並非突然發生的慘案，如果用疾病來比喻，比較接近癌症而不像心臟病突發。它的衰減模式是物種消失最典型的模式。根據歷史記載，蘇門答臘犀牛原本分布在極廣大的森林地區，從印度經緬甸到越南，然後往南達到馬來半島、蘇門答臘、及婆羅洲。一百萬年或更久以前，當腦袋小小的直立人（*Homo erectus*）從大陸西邊及中央部分，散布到地處熱帶的東南亞時，對牠們必定不陌生。這些人類老祖先大概也會試著捕獵蘇門答臘犀牛，只是憑著他們粗糙的工具，以及犀牛棲身樹林的難以穿越，得手機會恐怕不大。也正由於蘇門答臘犀牛的神出鬼沒以及野生棲地的保護，牠們在各地都維持蠻不錯的數量，甚至到人類開始有歷史的年代，都是如此。有人計算過，在蘇門答臘北方的古南路沙國家公園（**Gunung Leuser National Park**）的鹽鹼地中，牠們的密度曾經高達每平方公里十四隻。

到了一九八〇年代中期，這種密度幾乎是完全不存在了。整個族群的數目降到五百至九百隻，包括人工飼養的十六隻在內。北方族群只剩下六或七隻，而且地點僅限於緬甸。至於其他地區，馬來半島約有一百隻，婆羅洲三十到五十隻，以及蘇門答臘的四百到七百隻。目前，牠們的數量還在繼續下降中。緬甸那一支顯然已經滅絕了，婆羅洲的很有可能即將跟進。看來，不出幾十年，牠們在野外勢必完全絕跡，除非現在能來個趨勢大逆轉。

搶救行動

蘇門答臘犀牛是因爲垂垂老矣而死嗎？難道牠們的時辰到了，就像我們壽終正寢的老姑媽，我們理應放手讓牠們安息嗎？

不，完全錯誤，絕對不是這麼回事。斷了這個念頭吧！這個想法眞是錯得離譜。蘇門答臘犀牛正如許多典型的絕種生物，都是英年早逝，至少在生理層面是如此。所謂這種動物已走完自然生命週期，是一項錯誤的比喻。瀕危動物並不像是垂危的病人，延長壽命需要付出的看顧費用太過昂貴，而且沒有多大益處。事實恰恰相反。大部分稀有且數量衰滅中的動物，其族群都是由年輕、健康的個體所組成。牠們只不過需要時間和空間來成長，以繁衍被人類活動所剝奪掉的族群。

加州兀鷹就是一個最好的例子②。身爲世界最大的飛鳥之一，加州兀鷹在北美洲幾乎全面消聲匿跡，而接近絕種邊緣，但這並不是因爲牠們的遺傳出了問題，而是因爲人類摧毀了牠們大部分的天然棲地，而且還對那些倖存者大肆捕獵、毒殺。最後，當野外只剩下十二隻兀鷹時，生物學家把牠們捉起來，和聖地牙哥附近一個人工飼育族群，安置在一塊。經過悉心保護和餵食乾淨食物，這個複合族群一下子就繁衍起來。有幾隻最近被野放回大峽谷以及其他特定的原居住地點。

加州兀鷹起碼有好一陣子（我們衷心希望未來能持續幾千年），再度成爲能夠自由自在生存的動物。如果能在牠們以前的繁殖區域內，重建棲地，而且不再受外界干擾，那麼加州兀鷹就有可能再次展開九英尺寬的翅膀，來回於大西洋岸與太平洋岸之間。當然，短期內這是不可能的（如果眞有這一天的話），但是美國的動物相至少又得回了一種神奇的動物。

其他趕在最後一刻進行的搶救行動，也證實了瀕危物種通常與生俱有的彈性。最戲劇性的例子要算是模里西斯隼③。這種小型鷹類只出現在印度洋的島嶼模里西斯上，牠們在一九七四年時，只剩下一對雌雄鳥。大部分保育人士都放棄牠們了。然而，鳥類孵育專家瓊斯（Carl Jones）和同事的一場壯舉，卻把這個族群搶救了回來。現在已有將近兩百對鳥，有些是人工飼育，有些被野放，總數可能是人類定居模里西斯時的半數。這場瀕臨死亡的經驗，迫使該族群通過一道生存瓶頸，將模里西斯隼原有的基因多樣性，大半都奪去了，好在現存基因中的缺陷，並沒有達到會損害牠們生存或繁殖的程度。

由於這種終極搶救行動非常昂貴且花時間，它們只能用於數千種瀕危動植物中的一小部分。而這些少數的幸運兒，通常都是比較大型、美麗且富有吸引力的物種。

不過，並非所有人工飼育計畫都能成功。很不幸的，蘇門答臘犀牛的前景尤其不看好。這種動物眞是世界上最難繁殖的大型哺乳動物，困難度甚至超越貓熊。主要障礙包括雌獸排卵期極短、排卵需要雄犀牛刺激，以及由於個性孤僻，不交配時會對潛在配偶有強烈的攻擊性。十七隻飼養在動物園或雨林圍籬區的蘇門答臘犀牛中，只有三隻雄犀和五隻雌犀有過交配行爲。但是在這五隻雌犀中，只有辛辛那提的艾美受孕成功。在連續好幾胎都流產之後，艾美終於在二〇〇一年九月十三日生下一隻健康的小雄犀。

不堪負荷的盜獵壓力

造成蘇門答臘犀牛在野外數量銳減的原因都很淸楚，但是到目前爲止卻難以阻擋。原本濃密得寸步難行的熱帶亞洲森林，因為林木業的迅速砍伐，之後漸漸被農莊和油棕櫚所取代。然而，單單是棲地的大量破壞，並不見得會對蘇門答臘犀牛造成致命傷害。散布在蘇門答臘、婆羅洲、以及馬來半島上的自然保護區，面積還是足夠支持一小群充滿活力的犀牛。

眞正致命的壓力在於盜獵，如果不能有效遏止，盜獵壓力足以在幾年內消滅這個物種。帶動盜獵的主因是中國傳統醫學的大量需求，因為中醫相信（雖然沒有什麼依據），犀牛角能治療許多疾病，從發燒、喉炎，一直醫到下背痛。結果卻幫蘇門答臘犀牛鋪成一條通往死亡的市場經濟惡性循環之路。當犀牛日益稀少，價格便升高，使得盜獵更為猖狂，於是犀牛角變得更稀少，價格也就更高昂了。一九九八年，非洲黑犀牛角在台北的叫價攀升到一公斤一萬兩千美元，與金價差不多，而體型更大的印度犀牛角，每公斤價格更是高達四萬五千美元的天價。我不淸楚蘇門答臘犀牛角價格為多少，但我認為它可能和體型較大的印度犀牛同價位，因為一般說來，中國人更為偏好亞洲品種。

一九七〇年代全面非法獵殺犀牛的速度增快，也是石油輸出國組織實施石油禁運造成的意外結果。當石油價格攀升，阿拉伯國家的人民收入也跟著增加。受惠者當中，包括來自窮國葉門的年輕人，他們離鄉背井來到沙烏地阿拉伯的油田工作，想多賺點錢。如今，他們買得起更昂貴的阿拉伯腰刀，這種腰刀是葉門當地慶祝成年禮的必備物品。由於最上等的腰刀刀柄是由犀牛角製成，盜獵犀牛的風氣也因此興盛。

中藥加上刀柄，盜獵犀牛的程度一下子暴增，摧毀了世界各地的犀牛族群，情況嚴重得從前做夢都想不到。一九○九到一九一○年，美國老羅斯福總統④曾率領他的非洲探險隊，從肯亞的蒙巴沙深入內陸，當時黑犀牛數目還有約一百萬頭。美國這位偉大的保育總統也良心甚安地獵殺了幾隻。到了一九七○年，黑犀牛數目還保持在六萬五千頭，但是隨後由於阿拉伯腰刀的熱潮而遭殃，一九八○年，只剩下一萬五千頭，一九八五年，更是銳減到四千八百頭。十五年後，只剩下兩千四百頭黑犀牛了。一九九七年，葉門終於成爲「華盛頓公約」組織⑤的一員，如此或許可以緩和犀牛角的需求量。但是在亞洲，傳統醫藥對犀牛角的需求量仍然居高不下，高得足以讓蘇門答臘犀牛滅種。

難怪獵捕壓力會愈來愈大：盜獵者只要獵到一隻犀牛角，就可以賺到相當於十年的薪資，難怪他們願意干冒坐牢甚至送命的危險去獵犀牛。不幸的是，對蘇門答臘犀牛來說，在濃密的亞洲熱帶森林中，盜獵者承受的風險其實並不大，在那兒，牠們無聲無息地被獵殺，然後再無聲無息地消失。

早年犀牛角價格還沒有這麼高，當地獵人只有在發現蘇門答臘犀牛的新鮮足跡時，才會獵殺牠們，比較是看機會來行事，並不會特別要獵殺某一種動物。然而自從犀牛角價格飛漲，作風隨興的獵人，變成了特定的獵殺者，在森林中到處搜尋犀牛蹤跡。他們會設計許多機關來誘捕犀牛，像是僞裝的陷阱，或是懸在路徑上空的長釘，只要引線一觸動就會掉下來叉住牠們。接著，獵人迅速以來福槍解決這些無助的動物，宰割牠們的肉，切下牠們的角，然後轉交給待命中的經紀人去運銷。這齣悲劇的結局不難預料：四百人份營火大餐以及五百萬元零售犀牛角，標示了蘇門答臘犀牛最後的歸途。

拯救蘇門答臘犀牛

一九九二年九月，亞洲大型哺乳動物專家瑞比諾維茲（Alan Rabinowitz），率領了一支探險隊前往婆羅洲最北端，進入沙巴的丹儂河谷（Danum Valley），去尋找最後的蘇門答臘犀牛。丹儂河谷已規劃爲野生動植物保護區，一般認爲應該有比較多的蘇門答臘犀牛，雖說牠們的族群在這座大島上已經日益減少。探險隊分爲五支小隊，三支以步行方式進入森林，兩支則以直升機進駐其中心位置。每一支小隊都以不同路徑來回穿越河谷地。全部加總後，他們最多只找到七隻犀牛的蹤跡。他們也看到被遺棄許久的泥坑和所謂的犀牛鬼魂腳印，也就是應該已經死亡的犀牛所留下的痕跡。此外，他們還撞見過盜獵者。有一次，一支直升機小組幾乎意外降落到一堆獵人的頭上，嚇得他們一哄而散。

之後，瑞比諾維茲和同事薛勒（George Schaller）又探訪了緬甸在二十年前設立的禁獵區塔曼錫（Tamanthi），這個地區是爲了保護老虎、蘇門答臘犀牛、以及其他大型本土哺乳動物而設置的。結果還有爲數不多的老虎，但是完全看不到犀牛的蹤跡。當地栗傈族獵人描述，他們是如何一隻隻的追獵這種動物，直到一隻也不剩。獵人們說，都沒了，已經好多年沒看到半隻犀牛了。其中幾個年紀較大的人，還記得最後一隻犀牛被獵殺、宰割、取角的情景。

蘇門答臘犀牛是否可能像加州兀鷹和模里西斯隼般，被及時搶救出墳墓呢？兩項標準搶救方法當中，人工飼育到目前爲止沒什麼成效，而現存保護區在防止盜獵方面，成績也不理想。致力解決這個問題的幾位犀牛專家，都認爲蘇門答臘犀牛已經步上窮途末路。他們指出，不論是什麼解決方案，現在不做將永遠沒有機會。

另一個新的拯救方法是，在雨林地區用圍籬圈起一塊面積介於動物園和保護區之間的禁獵區，然後嚴密監控。這類設施面積差不多一百公頃，已經在蘇門答臘、馬來半島、以及沙巴設立了。到目前爲止，這些地方還是沒辦法成功復育犀牛寶寶，但起碼它們是處於半天然的情況，也許還是有益於犀牛繁殖。同時，既然情況如此瘋狂（犀牛角的天價、缺乏科學證據的療效、以及因此造成的嚴重環境破壞），最有希望的辦法是，看看能不能用什麼法子，說服或是強迫中醫師，把犀牛角從藥典中除名。

擋不住的市場力量

對於這類事情，西方工業國的道德正確雖然不難體會，但是卻不見得合理。同樣無法拘束的市場力量，在世界各地所有國家都一樣暢行無阻。五百年來，位於喀什米爾的斯利那加城裡，織工們都在處理藏羚羊⑥的羊絨，它們的品質之佳，在波斯語中贏得「莎圖絲」（shahtoosh）的稱號，意思是「羊毛之王」。

到了一九八〇年代末，國際間忽然風靡起莎圖絲披肩，一些名流，譬如說英國女皇伊莉沙白二世以及名模布林可麗（Christie Brinkley），都曾一派天眞的披掛這種披肩。市場需求量立刻激增，由每年數百件增加到數千件。單件披肩的價格也飆漲到一萬七千美元。很自然的，獵人就開始無情的追捕藏羚羊，以求獲得更多羊毛。製作一條六英尺圍巾，需要三張以上的羊皮，如今，莎圖絲在喀什米爾依舊能合法買賣，據估計每年約需獵殺兩萬頭藏羚羊。目前野外只剩下約七萬五千頭，大部分都位於遙遠的西藏高原西部或是中北部。

美國也是一樣，加州沿岸對於鮑魚的需求量之大，使得四種淺海鮑魚因商業捕撈而數量下跌。（我也是其中一個粗心的消費者。）缺貨之後，焦點又轉到了白鮑魚身上，這是一種產於深海、比較不易取得的鮑魚，同時也是最柔軟和受歡迎的品種。在那以後，從一九六九到一九七七年間，白鮑魚捕撈量激增，最後終於使牠們的數量減少到瀕危的程度。今天，盜捕依然猖狂，白鮑魚終於完全消失了。

一百心跳俱樂部

蘇門答臘犀牛以及白鮑魚是教科書的最佳範例，見證人類如何藉由野蠻濫捕及其他活動，將世界各地大批物種，逼到只差一步就要淪爲保育科學家口中的「全球」滅絕狀態，也就是全球都找不到存活的該種生物。最危險的一群動物，我稱牠們爲「一百心跳俱樂部」，是由存活個體數目小於或等於一百的動物所組成，因爲牠們距離全球滅絕只有一百下心跳。這裡頭很搶眼的動物包括菲律賓鷹、夏威夷烏鴉、藍金剛鸚鵡、白鱀豚、爪哇犀牛、海南長臂猿、溫哥華島土撥鼠、德州尖嘴魚、以及印度洋中的腔棘魚等。其他排隊等著加入的動物，則有大熊貓、山地大猩猩、蘇門答臘猩猩、蘇門答臘犀牛、金竹狐猴、地中海僧海豹、菲律賓鱷、以及北大西洋最大的魚類大魟魚。

在全球十萬種已知的樹種當中，至少有九百七十六種處境同樣危急⑦。有一群狀況極度危險，接近保育專家所謂「活的死物」（living dead）：其中有三種植物只剩下一個植株，包括中國的普陀鵝耳櫪（*Carpinus putoensis*）在內；另外三種植物只剩下三到四個植株，像是夏威夷美麗的朱槿（*Hibiscus clayi*）。

至於單一地區瀕危植物密度最高的紀錄，可能要歸給斐南得群島，這群小島距離智利海岸六百公里遠，素以塞爾克（Alexander Selkirk，他的事蹟被狄佛改寫成小說《魯賓遜漂流記》，於一七一九年出版）的隱居地著稱。在這塊七十平方英里的陸地上，共有一百二十五種別處沒有的植物。

然而，由於幾世紀以來，遊客、居民、火災、砍伐、以及人們帶來的羊群，使得當地二十種特有植物的野外個體僅剩下二十五株或更少。其中有六種小樹為當地獨有的 *Dendroseris* 屬。裡頭有一種學名叫做 *Dendroseris macracantha* 的植物，公認只剩下一株，生長在某座花園中。一九八○年代，這棵植株不小心被人砍了，於是這種植物也被認定從世上消失——直到後來有位當地導遊在陡峭的火山脊內側發現另一棵植株，才又有了唯一的倖存者。還有一種斐南得群島特有的檀香木，據信也已經絕種，但是仍然懸著一線希望，或許將來又能找到一兩株。

可想而知，許許多多物種都正從極度瀕危走向活的死物，最後被人遺忘。雖然有些人（當中沒有一位是生物學家）懷疑，是否眞有大量物種絕跡。他們會這樣想，也許是誤以爲物種滅絕就如同個人的死亡般，很少有人親眼目睹。事實上，由於瀕危生物極端罕見，光是要找出它們的生長地點就很困難了。統計上，瀕危生物在那種危險的狀態只會停留一下子。每天，都有幾種生物屬於「極度瀕危」的紅色警戒區。還有更多生物僅僅被列爲「瀕危」物種，或是列入稍微令人放心的「易危」（vulnerable）物種。這種情況，就好比加護病房的病患在醫院裡總是占少數：因爲只要有一點兒閃失，他們就死了。

無疑的，最近許多物種滅絕都被忽視了，因爲有些物種實在太稀少，還來不及被人發現、命名，就消逝無蹤。在保育生物學上，有一個知名案例，那就是夏威夷的po'ouli⑧，這種鳥體型和鶯類相彷，由於太過特殊，在分類上自成一屬，屬名叫 *Melamprosops*。有一陣子牠們只剩下化石標本，因此被認定早在美國殖民者上岸前就絕跡了。但是到了一九七〇年代初期，有人又在一處與世隔絕的山谷森林中，發現一小群活生生的po'ouli。然而，二十年後，牠們的數量更少了，即使在這塊最後的堡壘全力搜索，也只能找到稀稀落落的幾隻。這種鳥可能很快就會絕種（如果現在還沒有），而這一次，將是千眞萬確的消失了。

其他不像鳥類這麼惹人注意的動物，例如無數的真菌、昆蟲、及魚類，類似的劇情不知上演了千百遍，卻沒有留下任何紀錄顯示它們曾經存在過。

澳洲生物大屠殺

只有人們研究最多的動植物，才可能觀察和計算出屠殺的程度。譬如說，在二百六十三種澳洲原產哺乳動物中，有十六種已知是在歐洲移民抵達後消失的⑨。以下是這份名單，後面的數字是牠們最後被人看見的年代：達林沙丘跳鼠（一八四〇年代）、白足樹鼠（一八四〇年代）、大耳跳鼠（一八四三年）、寬臉鼠袋鼠（一八七五年）、東部兔袋鼠（一八九〇年）、短尾跳鼠（一八九四年）、愛麗絲泉鼠（一八九五年）、長尾跳鼠（一九〇一年）、豬腳袋鼠（一九二〇年）、格氏袋鼠（一九二七年）、沙漠袋狸（一九三一年）、小袋狸（一九三一年）、中部兔袋鼠（一九三一年）、小巢鼠（一九三三年）、袋狼（一九三三年）、圓尾兔袋鼠（一九六四年）。

很可能還有一些更罕見、更不顯眼的澳洲動物，雖然在十九世紀初仍然存在，但是還沒來得及引起博物學家的注意就消失了。不僅如此，一九九六年，又有三十四種動物（占澳洲現存哺乳動物的一四％）被ＩＵＣＮ列入紅皮書，處境從易危、瀕危到極度瀕危不等。

澳洲生物的大滅絕並非始於西方文明抵達之時。過去兩世紀以來，澳洲哺乳動物的巨大變動，其實只是當地動物相漫長衰亡史中的最後一幕。六萬年前，在澳洲土著上岸之前，這塊大陸型島嶼是許多超大型陸地動物的家園。這兒有許多不會飛行的牛頓巨鳥（*Genyornis newtoni*），是現代巨鳥鴯苗在演化上的親戚，只是牠們的腿較短，而且體重高達八十到一百公斤，是後者的兩倍。此外還有一種可能以牛頓巨鳥爲食的巨蜥（**monitor lizard**），長相類似現在印尼的科莫多巨蜥，但是體積卻大得和恐龍似的，長達七公尺。牠們生活在一群巨大的動物之間，這些動物相貌有點類似放大了的樹獺、犀牛、獅子、大袋鼠，以及有小汽車那麼大、長了角的陸龜。

這個巨型動物相必定存在了數百萬年之久，但是就在第一批人類土著抵達之際，突兀地終結了。這批目前已知最早的人類先鋒，是在五萬三千到六萬年前，從現今的印尼登上澳洲。在那之後不久，顯然時間不會超過四萬年前，巨型動物相就消失了。體型比人類大的陸棲動物，無一倖免。另外，還有許多其他的哺乳動物、爬蟲類，以及體重介於一到五十公斤、不會飛的鳥類，也都絕種了。

生物學家利用同位素定年法檢測牛頓巨鳥的蛋殼碎片，定出這種鳥是在約五萬年前一段很短的期間內，從澳洲全面滅絕。牠們的絕種不能輕易歸因於氣候變遷、疾病、或是火山活動。不過，牛頓巨鳥消失的時間點，卻能完全吻合第一批人類抵達的時間。看來，等到歐洲人殖民澳洲後，在同行的老鼠、兔子和狐狸幫助下，只是將物種滅絕提升到超越土著影響力的更高層次。

巨型動物的消逝

消滅生物多樣性的人類，是從食物鏈上方依序往下獵殺的。首先遭殃的動物都是體型大、反應慢而且好吃的。有一條準則可以暢行天下，那就是凡是人類足跡踏上的處女地，巨型動物相馬上就會消失。命運同樣乖舛的，還有最容易捕捉的陸鳥和陸龜。至於小型、靈巧的動物，數量雖然下降，大都能苟延殘喘。

考古學家發現，動物滅絕會發生於殖民者腳步抵達後幾百年（最多一千年）內。馬達加斯加島的動物滅絕史可以說是教科書的經典案例⑩。這個坐落在非洲外海的大島，最晚在八千八百萬年前便已由印度分離而出。從那以後，由於亞洲往北漂移，這兩塊陸地便愈離愈遠。這段期間，馬達加斯加島逐漸演化出非常獨特的生物型態。兩千年前，也就是印尼航海者還沒登陸前，它簡直就是一座巨獸動物園。島上的森林和草原孕育出龜殼寬達四英尺的陸龜；體積與牛相仿的侏儒河馬；一種山貓大小的獴類；以及馬拉加西語所謂的aardvark（土豚），牠們因爲解剖構造太過特別，被動物學家另立爲一個目，叫做Bibymalagasia。

同時，島上還有六種象鳥（elephant bird），體型不一，小至鴕鳥般大小，而最大的象鳥，站起來有十英尺高，體重有半噸，產下的蛋則有如足球大小。九世紀時在馬達加斯加北部海岸工作的阿拉伯商人，都曉得這種大鳥，消息來源可能是當地人口耳相傳，或是有親身經驗的馬拉加西人親口訴說。於是，這種鳥便化身爲傳奇故事《一千零一夜》中的大鵬鳥（roc，一種長得像鷹，能夠一把攫走大象的巨獸）。同樣神秘的還有狐猴，牠們是最早的靈長類動物之一，因此可以算是人類的遠親。馬達加斯加島最初有大約五十種狐猴，體型大的包括：重約六十磅、樹棲性、猿猴般的狐猴；以及體重約一百二十磅的狐猴，相當於澳洲樹棲性、專吃尤加利葉的無尾熊；還有另一種居住在地面、比成年雄性大猩猩還大些的狐猴，其生態區位很可能相當於新世界裡的陸獺。

在我撰寫本書時，馬達加斯加島上最古老的考古遺址，年代約爲西元七百年。到了十一世紀，島上已遍布農村與牧牛屯墾區。就在同個時期（這應該不會是巧合），當地原產的哺乳動物、鳥類、爬蟲類，凡體重超過十公斤的，都消失了。唯一的例外，只有狡猾又分布廣泛的尼羅鱷。根據當地傳說，有一兩種大型狐猴可能直到十七世紀仍存活於遙遠的森林中，但是到現在都還沒有找到相關的碳年代測定遺跡。可以說，當人潮衝擊過馬達加斯加，至少有十五種狐猴消失，這個數目相當於總數的三分之一。所有消失的動物都是日間活動的，而且體型也都比現存的動物大，結果，對於馬達加斯加殖民者來說，牠們便是最佳獵物。關於人類造成巨型動物絕種的論述，目前只有間接證據，但是這些事實，不論在哪一個法庭中，至少都可以贏得一項控訴。

足跡遍及全世界最遙遠角落的人類，堪稱生物多樣性的連環殺手。馬達加斯加島大屠殺之後幾百年，同樣的故事又出現在紐西蘭⑪。十三世紀末，當毛利人踏上紐西蘭時，就像馬拉加西人最初踏上馬達加斯加般，彷彿進入一座大型的生物仙境。

紐西蘭滅種事件

最搶眼的動物是恐鳥（moa），這種不會飛行的大鳥，長得有點像鴕鳥和鴯苗，但卻是在這些島上獨立演化出來的。十一種已知的恐鳥中，最小型的只有火鷄般大小。最大的恐鳥，學名叫做*Dinornis giganteus*，站起來有九英尺高，體重也超過一百五十公斤。由於紐西蘭距離澳洲以及其他大陸都有一段距離，島上缺乏原生的哺乳動物。經過數百萬年的演化，恐鳥塡補了哺乳動物的生態區位。牠們在環境中的角色，就好像把土撥鼠、兔子、鹿、以及犀牛，都收進系統發生學上的同一個家族似的。恐鳥更演化出各種特殊種類，以因應島上幾項主要棲地所需要的生活方式，牠們的分布範圍可以從高山到低地，從潮濕的森林到乾巴巴的灌木區及草原。

在人類抵達之前，恐鳥只有一種已知的天敵，那就是巨大的紐西蘭鷹（*Harpagornis moorei*），這種鷹的體重約爲十三公斤。然而，在那之後，毛利人彷彿一把大鐮刀橫掃而來。他們從北到南，大量屠殺恐鳥，把牠們的骸骨成堆棄置在島上各個狩獵點。到了十四世紀中葉，也就是人類上岸後不過數十年的光景，恐鳥就消失了，而且世界上最大的鷹也跟著一塊兒逝去。

這次動物大滅種來得之突然，最近的考古研究記錄下種種令人難過的細節。據信，第一批抵達的移民人數可能還不到一百，而且直到恐鳥滅絕，移民人數也不過一千左右。然而，這麼少量的人數就足以消滅十六萬隻恐鳥。這些鳥由於不會飛，加上性情可能頗溫馴，因此很容易捕捉。牠們通常只有腿的上部可食用，其餘殘骸要不是扔棄，就是拿去餵狗。幾乎可以確定的是，人類一旦發現恐鳥的巢穴，絕不會放過牠們的蛋。雖說吃食牠們的人類數量只有一丁點，但如此密集的獵殺，恐鳥應付不來。另外，這些大鳥的生育率也太低了：每窩只有一兩顆蛋，而且幼雛還需要長達五年時間才能發育成熟。根據數學模型推演，的確只需要一小群人類就能以一擋百，消滅掉整個恐鳥族群。

人類占領紐西蘭後，所造成的損害日益複雜，影響也日益深遠。移民無意間引進的老鼠，大量繁殖，成為許多小型鳥類、爬蟲類、兩生類的天然殺手。當老鼠數量愈來愈多，毛利人便以火燒該地的方法來滅鼠，結果卻使許多棲地淪爲不毛之地。結果總共有二十種陸鳥滅絕，其中包括八種不會飛的鳥。到了一八〇〇年代，新來的英國移民又向紐西蘭揮舞著另一把致命的利刃，他們引進了一堆外來動植物，把更多的天然環境變更爲農田或牧場。已知在毛利人抵達前存在的八十九種紐西蘭原產鳥類，到現在只剩下五十三種，也就是僅有六〇%還存活。

紐西蘭事件，只不過是太平洋群島大滅種事件的最後篇章。我們把殖民玻里尼西亞當成歷史大事來歌頌，但是對其他生物而言，那卻是一波毀滅性的浪濤⑫。這些散布於太平洋中部和南部廣大三角形地帶的島嶼，是研究生物滅絕的天然實驗室。

過去二十年來的研究，充分展示出人類對太平洋群島的生物造成多大的衝擊。最早的移民大約是在四千年前，從東南亞進入密克羅尼西亞（Micronesia）以及部分的美拉尼西亞（Melanesia）。後來，他們的子孫又把這些島嶼當成踏腳石，由一個島移向下一個島，在三千五百年前來到斐濟、薩摩亞、及東加，二千年前進駐馬克沙斯群島，最近一千五百年則進入紐西蘭、夏威夷、和復活島。他們義無反顧往前衝，生養繁殖，占據了所有的棲地，終結了每座島嶼上半數的鳥類。等到歐洲人光臨，帶來了先進農業、技術、疾病，以及一群惡魔般的螞蟻、蚊子、雜草和其他侵略性生物，生態環境的破壞一直持續進行，不曾停歇。這兩波人類入侵，消滅的不只是核心的兩千種原產太平洋群島的鳥類，也包括了其他動植物。

過濾效應

物種滅絕是全球性的現象，除了因獵食而絕種的動物外，也擴及植物和依賴它們的無數種小動物。這種生物大量死亡的過程會依循保育生物學上所謂的「過濾效應」：人類初次引發的滅絕衝擊，發生的年代愈早，今日的滅絕率也愈低⑬。譬如說，最早被人類殖民的薩摩亞、東加及其他西太平洋島嶼，比起最近才被人類進駐的夏威夷，瀕危物種就來得少些。原因很基本，但是一點都不令人安慰。首當其衝、最脆弱的動物，像是烏龜及大型陸鳥，是玻里尼西亞最早滅絕的一批。等到這些「沒用的傢伙」絕跡後，比較有彈性的當地動物就成了下一個目標，從此苟延殘喘。當一個島嶼上的動物相減低到某個程度後，就只剩下最具耐力的動物能成爲瀕危物種。譬如說，在東加的埃瓦島，森林鳥種數目從人類抵達（三千年前或更早）前的二十七種以上，掉到十九世紀末的十種，現在則剩下九種。

在紐西蘭南島的沙格河口，一個最頻繁的恐鳥狩獵遺址上，考古學家詳細記載了過濾效應的發展過程。棄置的骨骸層顯示，獵人是先從最大的恐鳥以及同樣容易得手的海豹、企鵝著手。等這些動物都變少後，他們再轉向比較小型的恐鳥、狗、鳴鳥、魚類、以及貝類和甲殼類動物。他們抵達沙格河口不過幾十年光景，所有恐鳥顯然都死光，於是獵人便離開了。

由於過濾效應的存在，世界上最早有人類生活的地區，生物多樣性的衰退情況最難偵測。然而，若是辛苦鑽研，有時還是可以找出歷史的蛛絲馬跡，特別是在同時追蹤人類活動以及古老動植物的遺跡時。

就拿地中海北邊和東邊的地區來說，幾乎是從現代智人及我們的遠親尼安德塔人起源時，就由這群人類始祖占據了。幾十萬年來，他們分布得很散、也很廣。由棄置的貝塚（現在已經變成化石）顯示，老祖先們非常依賴容易捕捉的龜類及海洋甲殼類動物，像是貽貝和牡蠣。到了冰河期尾聲，大約一萬年前，尼安德塔人早就被居住在歐洲的克羅馬農智人（Cro-Magnon *Homo sapiens*）所取代，而居住在西亞的智人則發明了農業，開始將大片野地轉變成耕地。有了麥子、山羊及其他家畜的供養，他們的人口密度比起靠打獵採集爲生的克羅馬農人，高出十到一百倍，於是這些務農者以每年約一公里的速度，往北邊及西邊擴張。不到四千年，他們的農莊、村落，已從兩河流域一路分布到英格蘭。隨著生育緩慢的龜類日益稀少，人類轉而盯上繁殖快速但行蹤隱密的松鷄與野兔。差不多在同個時候，歐洲許多巨型動物相都消失了，包括長毛象、長毛犀牛（蘇門答臘犀牛的親戚）、穴熊、塞浦路斯侏儒河馬、以及被稱爲愛爾蘭麋鹿的巨鹿。⑭

在人類廣爲分布之前，除了南極洲以外的所有大陸，都具有至少一類巨型動物相。只有非洲和熱帶亞洲沒有經歷這種滅絕大震撼。我們如何解釋這個異常現象？答案顯然在於：數十萬年前演化出來的人類，正是非洲與亞洲的本土動物。這兩塊陸地原本相連成一片超級大陸，可以說是人類的搖籃。早在一百萬年前，亞洲和非洲大部分地區都有人類老祖宗直立人的蹤跡了。等到早期智人出現、散布後，其他本土動植物也和人類一塊兒演化，而它們比較有時間早早就開始在遺傳上適應人類的存在。這段期間，人類和其他動物共享同樣的天敵與疾病，獵食牠們，也被牠們獵食。這時候的人類數目還太少，技術也太原始，無法對其他生物多樣性造成重大威脅。

反觀現代人類，恰恰相反，只要一移民到世界其他地區，就變成了眞正的異形生物，從澳洲到新世界，最後再到遙遠的海洋島嶼。人類和他們所帶來的老鼠、豬、及各式疾病一樣，很少遇到共同演化的獵物或敵手。人類藉由文化來適應新環境，而人類文化演進的速度卻可能是基因演化的數千倍，大大超越當地任何生物相所能抵抗的程度。於是，這些殖民地的原生物種便日益減少。

當前的滅絕情況

面對人類無情的擴張，生物相持續衰頹。而人類此種史無前例的增長速度，遠超過任何地區的任何動植物。原本主要是大型陸地動物受影響的地區，如今魚類、兩生類、爬蟲類、昆蟲、及植物，也都破天荒大量消失。物種滅絕的漫漫長夜，現在也籠罩了河川、湖泊、河口、珊瑚礁、乃至於大海。

目前正在發生的物種滅絕情況有多嚴重？一般說來，研究人員認爲數值高得可怕，大約是人類對環境產生嚴重影響前的一千到一萬倍。根據古生物學家估算，之前的伊甸園式生物多樣性時期，始於四億五千萬年前。它在大約五萬至十萬年前結束，伴隨著舊石器時代晚期與新石器時代人類的出場，當時人類擁有的改良工具、密集人口、以及追逐野生動物的致命效率，開啓了延續至今的這場物種滅絕風暴。

在伊甸園時代，物種滅絕率平均約爲每年每百萬種生物消失一種。當然，這段期間會偶爾發生大滅絕事件，接著是一段相當長時期的平靜。在這類天然災難之後，通常會出現快速演化期，因爲倖存的生物會加速繁殖以塡補空白的生態區位。隨著氣候環境的不同，世界各地區的情況也有所差別。滅絕率在不同生物間也不相同，例如在哺乳動物當中，已知高達每年每五十萬種消失一種，但在棘皮動物就低到每年每六百萬種消失一種。不過，就所有物種於化石中的紀錄加總平均，在經過數千萬年之後，整體滅絕率粗略算來，約爲每年每百萬種消失一種。⑮

伊甸園時期新種的生成率也差不多是每年每百萬種生成一種，剛好和滅絕率相抵消。事實上，新種生成率比起舊種死亡率（滅絕率）稍微高些，如此方可讓全球物種數目隨著地質年代緩緩增加。於是，今日的物種多樣性（依物種或屬或科的數目來計算），便是過去四億五千萬年平均數值的兩倍。

估算物種滅絕率

由於物種滅絕茲事體大，現在我先簡單介紹幾種生物學家常用的方法，以評估當前的絕種率，以及爲何這些方法有時會得出不同的數據⑯。首先，如果我們只計算被研究詳盡的「焦點族群」（像是鳥類或開花植物），在過去一個世紀眞正觀測到的絕種數值，只有每年每百萬種消失十到一百種。但是這個數值太低了，因爲造成生物絕種的原因在二十世紀又強化了許多。它們現在高得史無前例，而且還在繼續增強中。不只如此，許多物種雖然還沒有少到只剩個位數，但是減少的速度卻飛快，幾乎「肯定」在不久的將來就會絕種。無疑的，另外還有許多物種由於太過稀有、分布太局限，還沒來得及被人發現就消逝了，自然也不在絕種名冊內。

所以，我們第二步要先確定，ＩＵＣＮ紅皮書中列出的物種，也就是經調查確定瀕危的物種，是否注定會步向滅絕，或是肯定會在未來一百年內提早絕跡。譬如說，公元兩千年的紅皮書估計，地球上的哺乳動物每四種當中有一種、鳥類則是每八種當中有一種面臨生存威脅。現在，我們不再計算過去物種滅絕的數目，而是計算在最近的將來肯定會絕種的數目。結果得到的估計值，跳升到每年、每百萬物種當中，有一百到一千種會滅絕。但是話又說回來，這個數值一定還是過低，因爲隨著滅種的因素不斷增強，將會有愈來愈多的物種投入紅皮書中的受威脅名單，衝開制止的棘輪，一路滑向被世界遺忘的命運。如果把這項加速度一併考慮進來，每年的物種滅絕估計值將躍升到一千至一萬種。

有三種不同的估算方法都採用最後比較高的那項估計值，也就是每年、每百萬物種有一千到一萬種會滅絕。雖然這些方法還頗粗糙，但是在結論上卻是一致的。

第一種，也是最常用的一種估計方法，前一章已經討論過，是棲地面積與該地物種數目間的關係。隨著森林、草原或溪流環境的縮減，一段期間後該環境物種數目的減少，是可以估算出來的。幾乎所有案例中，物種數都下降爲原來數值的六次方根至三次方根。

第二種方法是持續數年追蹤紅皮書裡的物種狀態。結果，許多物種由安全或未知狀態，變成易危、瀕危，再到極度瀕危，最後經過一陣子無功的搜索，終於判定爲滅絕。然而，反向而行，逐步往安全方向走的物種，則是少之又少。透過紅皮書名單裡大量物種的變化情況，可以估算出未來將會滅絕的物種數目。

以生態學知識爲基礎的第三種方法，則是分析紅皮書中不同等級物種的存活率。某個瀕危物種存活或滅絕的可能性，要看它們的族群有多大、分布及個體交流的範圍有多廣、不同時期的波動有多大、以及個體壽命及生育率如何。這種技術稱爲族群存活力分析（Population Viability Analysis，簡稱PVA）。雖然這項方法對於研究整體動植物的情況，目前貢獻還很薄弱，但是由於生物學家正快速謀求改進，未來它在保育方面的預測上，一定會扮演重要的角色。

所有完善的實證科學，都是由運用多重方法及試誤估算得到的一連串近似值所組成。這些近似值不僅能解說事實，而且它們本身也能被日益圓熟的理論所解釋。物種滅絕率的估算，正是這種事實與理論相互作用的典型例子。將來這種分析滅絕率的程序會變得更加精確，超過目前通用的概略估算。

雖說在不久的將來，譬如十年或二十年後，我們很可能有辦法預測物種的滅絕，但是這種估算方式絕對不可能應用於更遙遠的未來。最明顯的原因在於，此種估算的依據，與人類的抉擇息息相關。如果我們現在決定，將所有保育上的努力停留在目前的層次，容許森林以同樣速率砍伐，也容許其他環境破壞行爲繼續下去，那麼我敢保證，到二○三○年時，起碼有五分之一的動植物會消失，或是肯定提早滅絕，到本世紀末，則會有一半物種消失。相反的，如果我們竭盡全力去搶救自然界中生命最豐富的地區，總損失起碼可以減少一半。

研究逝去物種的陰鬱考古學，替我們上了好幾課：

- 所謂高貴的野蠻人，從來就不存在。
- 伊甸園由人進駐後，就變成了一座屠宰場。
- 人們一旦找到樂園，就注定了樂園將會消逝。

到目前爲止，人類扮演的是地球殺手角色，只關心一己的短期生存問題。我們已經將生物多樣性的心跳削弱了許多。表現成禁忌也好，圖騰也好，科學也好，保育倫理總是來得太遲，對於最脆弱的生物，也拯救得太少。

如果那隻名叫艾美的蘇門答臘犀牛會說話，她可能會告訴我們，照目前情況看來，二十一世紀也不會是例外。而我將會用手回以更肯定的觸摸。艾美，現在我們對問題了解得更多了，不會太遲的。我們曉得要怎麼做。或許我們眞能及時行動。

【注釋】

①原注：蘇門答臘犀牛（*Dicerorhinus sumatrensis*）的狀況請參考：Ronald M. Nowak, *Walker's Mammals of the World*, Volumn II, Fifth Edition (Baltimore, MD: Johns Hopkins Univ. Press, 1991); and Mark Cherrington, *The Sciences* 38 (1): 15-7 (January/February 1998)。此外，我還要感謝諮詢過的幾位專家：William Conway, Alan Rabinowitz, Edward Maruska, Terri Roth, and Thomas Foose。

②原注：關於加州兀鷹（*Gymnogyps californianus*）的復育，請參考：Joanna Behrens and John Brooks, *Endangered Species Bulletin* 25 (3): 8-9 (2000)。

③原注：有關模里西斯隼（Mauritian kestrel）的復育，細節請參考：David Quammen, *The Song of the Dodo: Island Biogeography in an Age of Extinctions* (New York: Scribner, 1996)——中譯本爲《多多鳥之歌》，楊登旭、溫碧錞譯（胡桃木）。關於牠們基因庫的貧乏，請參考：Jim J. Groombridge et al., *Nature* 403: 616 (2000)。

④譯注：羅斯福（Theodore Roosevelt, 1858-1919），美國第二十六任總統，是最有名望、也最具爭議的美國總統之一，曾於任內積極推動自然資源的合理開發與保護。

⑤譯注：「華盛頓公約」(Convention on International Trade in Endangered Species of Wild Fauna and Flora，簡稱ＣＩＴＥＳ），又稱做「瀕臨絕種野生動植物國際貿易公約」，係於一九七三年在華盛頓簽署，一九七五年七月一日正式生效，至今已有一百五十多個締約國。目的在於管制公約附錄所列物種的國際貿易行爲，以免因爲過度利用而使瀕危物種滅絕。

⑥原注：廣受保育機構注目的藏羚羊（Tibetan antelope）數量衰減問題，請參考：Marion Lloyd, *Boston*

Globe, p. 1 (March 15, 2000)。關於白鮑魚的資料,請參考: Mia J. Tegner, Lawrence V. Basch, and Paul K. Dayton, *Trends in Ecology & Evolution* 11 (7): 278-80 (1996)。

⑦原注:關於極度瀕危樹種,世界保育監測中心曾經做過統計,請參考:Nigel Williams, *Science* 281: 1426 (1998)。有關斐南得群島(Juan Fernández Islands)樹種的資料,請參考:Tod F. Stuessy et al., *Rare, Threatened, and Endangered Flora of Asia and the Pacific Rim* (Monograph Series No. 16), Ching-I. Peng and Porter P. Lowry II, eds. (Taipei: Academia Sinica, 1998), pp. 243-57。

⑧原注:關於夏威夷特有鳥種po'ouli的遭遇,請參考:Stuart L. Pimm, Michael P. Moulton, and Lenora J. Justice, *Philosophical Transactions of the Royal Society of London* (Ser. B: Biological Sciences) 344 (1307): 27-33 (1994)。

⑨原注:關於澳洲本土哺乳動物數量衰減的回顧資料,請參考:Christopher John Humphries and Clemency Thorne Fisher, *Philosophical Transactions of the Royal Society of London* (Ser. B: Biological Sciences) 344 (1307): 3-9 (1994); and Timothy F. Flannery, *Science* 283: 182-3 (1999)。關於瀕危物種的調查資料,請參考:*1996 IUCN Red List of Threatened Animals*, compiled and edited by Jonathan Baillie and Brian Groombridge (Gland, Switzerland: IUCN Species Survival Commission, 1996)。

⑩原注:在眾多有關馬達加斯加動物相的文章與專書中,寫得最好,資料最新也最完整的一本是:Peter Tyson, *The Eighth Continent: Life, Death, and Discovery in the Lost World of Madagascar* (New York: William Morrow, 2000)。

⑪原注：關於紐西蘭鳥類絕種，尤其是恐鳥的滅絕，最重要的著作如下：Atholl Anderson, *Prodigious Birds: Moas and Moa-hunting in Prehistoric New Zealand* (New York: Cambridge Univ. Press, 1989); Alan Cooper et al., *Trends in Ecology & Evolution* 8 (12): 433-7 (1993); Jared Diamond, *Science* 287: 2170-1 (2000); and R. N. Holdaway and C. Jacomb, *Science* 287: 2250-4 (2000)。

⑫原注：關於玻里尼西亞（Polynesia，中太平洋群島）鳥類的數量衰減，請參考：Storrs L. Olson and Helen F. James, *Descriptions of Thirty-two New Species of Birds from the Hawaiian Islands* (Ornithological Monographs No. 45 and 46) (Washington, D.C.: American Ornithologists' Union, 1991), 88pp。一般論述請參考：Tom Dye and David W. Steadman, *American Scientist* 78: 207-15 (1990); and Stuart L. Pimm, Michael P. Moulton, and Lenora J. Justice, *Philosophical Transactions of the Royal Society of London* (Ser. B: Biological Sciences) 344 (1307): 27-33 (1994)。

⑬原注：關於大量物種滅絕的過濾效應觀念，創始者爲：Stuart L. Pimm et al., *ibid.*; and Andrew Balmford, *Trends in Ecology & Evolution* 11 (5): 193-6 (1996)。

⑭原注：在舊石器時代早期和中期，地中海地區的動物狩獵情況，請參考：Mary C. Stiner et al., *Science* 283: 190-4 (1999)。至於新石器時代人類的遷移和農業，請參考：Luigi L. Cavalli-Sforza, *Genes, Peoples, and Languages*, trans. Mark Seielstad (New York: North Point Press, 2000)。

⑮原注：關於物種在地質年代上的壽命與滅絕率，係經由下列著作的多位作者檢閱評論過：Edward O. Wilson and Frances M. Peter, eds., *BioDiversity* (Washington, D.C.: National Academy Press, 1988); and E. O. Wilson, *The Diversity of Life* (Cambridge, MA: Belknap Press of Harvard Univ. Press,

1992)——中譯本爲《繽紛的生命》，金恆鑣譯（天下文化）。

⑯原注：各種估算物種滅絕率的方法，曾由下列著作評估過：Georgina M. Mace and Russell Lande, Conservation Biology 5 (2): 148-57 (1991); E. O. Wilson, *The Diversity of Life* (Cambridge, MA: Belknap Press of Harvard Univ. Press, 1992)——中譯本爲《繽紛的生命》，金恆鑣譯（天下文化）；以及 *Philosophical Transactions of the Royal Society* (Ser. B: Biological Sciences), Volume 344, Number 1307 (1994) 上面的文章，此文在訂正和添加新資料後，成爲專題論文：John H. Lawton and Robert M. May, eds., *Extinction Rates* (New York: Oxford Univ. Press, 1995)。

第五章　生物圈值多少

所有生物體內都會演化出身體需要的化學物質，
用來抗癌、殺死寄生蟲、或是擊退天敵。
我們已經學會去參考，編成自己的藥典。
如今，抗生素、麻醉劑、止痛藥、抗癌藥物……
全都任我們使用，這些都源自野生的生物多樣性。

象牙嘴啄木鳥的凋零

不過十九世紀初期，美國南方海岸平原的景觀，還和幾千年、幾萬年前相差不多。從佛羅里達和維吉尼亞往西，一路延伸到德州的 Big Thicket，原始的柏樹和闊葉林環繞著大王松構成的狹長地帶，而這兒，就是被西班牙探險家找到的新大陸門戶。這片野地裡的代表性鳥種，是居住在河邊低地森林裡的象牙嘴啄木鳥①。牠的體型大過烏鴉，發亮的白羽毛，靜止時清晰可見，還有牠那帶著鼻音的響亮叫聲：砍它！…砍它！…砍它！，被美國鳥類學家奧都邦②比喻爲豎笛走調的聲音，使得牠們一下子就被認了出來。

成雙成對的象牙嘴啄木鳥，並肩在樹林冠層的高枝間，忙上忙下，張開外八字的腳爪，攀附在垂直的樹幹上，一邊用那黃白色的嘴，鑿穿枯枝的樹皮，吃食裡頭的甲蟲幼蟲或是其他昆蟲。那略帶遲疑的啄木聲：踢可踢可…踢可踢可踢可…踢可踢可…像是在幽暗的密林深處，預告牠們的到來。在旁觀者眼中，牠們彷彿是由深不可測的荒野中蹦出來的精靈。

奧都邦的朋友，美國早期博物學家威爾生（Alexander Wilson），將象牙嘴啄木鳥歸入高貴動物的行列。他在《美國鳥類學》中寫道，牠們的行事風格，「具有一股超越尋常啄木鳥的尊貴氣息。對其他啄木鳥來說，樹木、灌叢、果樹、欄杆、籬笆、或是倒木，都是耐心覓食的好目標；但是咱們眼前這種皇族獵人，根本瞧不上眼，牠們要的是林中最高的大樹；尤其是龐大的柏樹叢，其子子孫孫爭相伸展出或光裸枯萎、或攀滿苔鮮的手臂，幾乎有半天高。」

一百年後，這片低地森林差不多全被農莊、城鎮、以及次生林所取代。棲息地被奪走後，象牙嘴啄木鳥的數量直直落。到了一九三〇年代，只有在南卡羅來納、佛羅里達以及路易斯安那的原始沼澤地，才能看到稀稀落落、成對的象牙嘴啄木鳥。到了一九四〇年代，唯一能確定牠們存在的地區，只剩下路易斯安那北邊的Singer Tract。在那之後，就只剩下有人曾經看過牠們身影的傳聞，而且連這種傳聞都逐年淡去。

在我青少年時期，激發我對鳥類興趣的經典著作《野外賞鳥手册》的作者彼得森（Roger Tory Peterson），一直在密切注意象牙嘴啄木鳥的沒落過程。一九九五年，彼得森過世前一年，我終於第一次也是最後一次見到我心目中的英雄。我問他一個博物學家之間常討論的話題：象牙嘴啄木鳥現況如何？他給了一個預料中的答案：死光了。

我尋思道，當然不致於全部死光吧，至少不會全球都不剩一隻！博物學家永遠是最不肯放棄希望的一群。在宣告某物種滅絕之前，他們需要相當於驗屍報告、火葬、以及三名證人的證據，而且就算證據確鑿，只要有可能得到該物種的虛擬影像，他們還是要再召開一場降靈會。博物學家的想法是，說不定在世界上某個難以到達的山凹，或是被人遺忘的密林深處，還有幾隻象牙嘴啄木鳥沒被世人發現，只讓少數幾位口風甚緊的鳥類鑑賞家私下欣賞。事實上，一九六〇年代，在Oriente省一處孤立的松林中，確曾有人發現過一小群小型古巴種的象牙嘴啄木鳥。

目前，象牙嘴啄木鳥的狀況不明。一九九六年IUCN出版的紅皮書中，將牠們列爲全球滅絕的動物，包括古巴在內。而且我也再沒聽說有人發現牠們的蹤影，但是，就在我寫下這些字句的此刻，當然還是沒人敢確定象牙嘴啄木鳥眞的完全絕種了。

估算生物的價值

象牙嘴啄木鳥只不過是世上千千萬萬種動物之一，爲什麼要關心牠們？且讓我回以一個簡單而堅定的答案：我們在意，是因爲我們認得這種動物，而且知之甚詳。因爲某些難以理解和表達的原因，牠已成爲我們文化中的一部分，同時也成爲威爾生以及後世關心牠的人，豐富的精神世界中的一部分。世上沒有方法能完整評估出象牙嘴啄木鳥或是自然界任何生物的終極價值。我們採用的計算方法，無論數量或是廣度，都是與日俱增，沒有極限。這些方法源自一些零碎的事實片段，以及突然浮現在意識中的模糊情緒，雖然有時可以用文字捕捉到，但總是不夠貼切。

我們人類，一出場就很懂得劃定自己的勢力範圍。身爲達爾文賭局裡的勝利者，生物演化中出人頭地的楷模，以及拇指可相對、兩足行走的直立猿人，我們刴碎了象牙嘴啄木鳥以及周遭其他的神奇事物。隨著棲息地的萎縮，物種無論在分布範圍或是數量上，都有如大淸倉般銳減。它們順著危險名單快速滑過並消逝，而且其中絕大多數都沒有人特別留意。由於人類生來思慮欠周又自我中心，現在的我們並不完全明瞭自己幹了什麼好事。但是，未來的人類卻有無盡的時間來反省，終會明白這些，包括所有令人痛苦的細節。隨著瞭解日深，他們的失落感也將愈來愈沈重。未來的數百年乃至數千年，駐留在人們心中，被追悔的象牙嘴啄木鳥，又何止千千萬萬。

現在我們可有什麼好辦法，能概略估算出眼前的損失呢？不論採用哪種方法，幾乎都會低估，但是好歹讓我先從總體經濟學的角度開始吧。一九九七年，由各國經濟學家和環境科學家組成的跨國小組，試著將自然環境免費提供給人類的每一個生態系服務，以美元來計價。根據多組資料庫的數據，他們評估出來的生態系服務總價值，每年超過三十三兆美元③。這個數值約爲一九九七年全球所有國家國民生產毛額總和（或稱世界生產毛額）十八兆美元的兩倍。

所謂生態系服務的定義，指的是來自生物圈、供養人類生存的物質、能源和訊息。像是大氣和氣候的調節，淡水的純化與保持，土壤的形成與肥沃化，營養循環，廢棄物的解毒與再生，穀物的傳粉，以及木材、糧草、和燃料的生產。④

這份一九九七年的天文數字估價，還有另一種更令人信服的表達方式。人類如果想以人工產物替換自然經濟體的免費服務，全球國民生產毛額將至少必須提升三十三兆美元。然而，這種實驗是沒法執行的，只能用臆想來實驗一番。想要替換掉自然生態系，即使只是大部分，在經濟上甚至實質上都是不可能的，我們如果膽敢一試，必死無疑。

原因何在，生態經濟學家解釋道，主要在於邊際價值會隨著生態系服務的衰減而陡升，這裡所謂的邊際價值，是指「生態系服務價值的變化」與「生態系服務供給的減少」兩者間的相對關係。要是相差太懸殊，邊際價值會升高到人類再怎麼結合自然與人工方法，都無法支撐生活所需的程度。於是，人類勢必更依賴人工環境，如此一來，不只會危及生物圈，也會危及人類自身。

日漸衰退的生態環境

大部分環境科學家相信，人類已經把自然界變更得太離譜了，令人不得不佩服民間流傳的一句老話：不要惹惱大自然媽媽。這位女士確實是我們的老媽，而且具有強大的支配權力。她自己安然演化了三十多億年，至於生下我們，不過是一百萬年前的事，在演化時間上不過一眨眼的功夫。老邁又脆弱的她，對於我們這個巨嬰無理的予取予求，是不會容忍太久的。

生物圈彈性有限的例子，俯拾皆是。現今，海洋捕魚業的產值對全美經濟的貢獻達二十五億美元，對全球的貢獻更是高達八百二十億美元。但是它沒有辦法再成長了，原因很簡單，海洋面積是固定的，它能生產的生物數量也是固定的。結果，全球十七個漁場的漁獲持續生產量（sustainable yield），都只能勉強維持或甚至更少。在一九九〇年代期間，全球每年的漁獲量大約都維持在九千萬公噸的水準。然而在全球需求量日增的壓力下，可以預見它最終一定會下跌的。已經有幾個捕魚海域開始衰敗了，像是北大西洋西部海域、黑海海域、以及部分加勒比海海域。

以人工方式圈養魚類、甲殼類、軟體動物的水產養殖業，確實填補了部分海洋漁獲的空缺，但因此而付出的環境成本卻日益增加。這場魚鰭與貝殼的革命，改變了寶貴的溼地環境，而溼地正是海洋生物的搖籃。此外，爲了餵飽這些圈養的水生動物，一定得將部分穀物轉作牠們的飼料。於是，水產養殖便會與其他人類活動競奪生產用地，使得天然棲境變少。一度免費的漁獲，如今卻需要用人工來製造了。到最後，全球海岸及內陸經濟的通貨膨脹壓力勢必上升。

另外還有一個相關的案例：森林流域能夠捕捉並純化雨水，然後才涓滴送入湖泊或大海，而且這一切都是免費的。如果想替換掉它們，唯有付出極高額的代價。世世代代以來，紐約市都享用著來自凱司吉爾山麓（Catskill Mountain）超級純淨的水源。這塊水源地的瓶裝水一度銷售遍及美國東北部，令當地居民深感驕傲。然而，隨著當地居民數量日增，愈來愈多森林流域轉爲農莊、房舍、或是度假村。污水和農業廢水漸漸降低了當地的水質，直到終於達不到環保局的水質標準。

紐約市官方現在面臨了一項抉擇。他們可以興建一座淨水場，經費約六十到八十億美元，再加上往後每年約三億元的營運費用。又或是，他們可以設法重建凱司吉爾流域，達到接近原本淨水能力的程度，花費約需十億美元，再加上往後極低的維護費用。這項抉擇，即便對都市人來說都不困難。一九九七年，該市開始發行環境債券，收購森林地，以便幫忙改善凱司吉爾流域的淨水功能。紐約市民理當可以永遠享受大自然的雙重贈禮：低價的清淨水質，以及不用花錢的美景。

這樣做還有另一個附帶的好處。由於採用天然水資源管理辦法，凱司吉爾森林區也能以極低成本達到防洪的功能。這種好處，亞特蘭大市也同樣享有。該市在快速發展過程中，移除了市區二〇%的樹木，如此一來，每年增加的洪水量將高達四十四億立方英尺。如果要興建一座能容納這種水量的蓄水設施，成本起碼要二十億美元。相反的，如果將移除的樹木，重新種植回市區的街邊、廣場、或是停車場，比起興建水泥堤防之類的設施，價格可便宜多了。此外，後者維護費近於零，更不用說景色還會變美。⑤

保險原理

在自然保育方面，不論是爲了實用目的、或是爲了美感，生物多樣性都很重要。以下是目前廣爲生態學家接受的通則：一個生態系中存在的物種數目愈多，該生態系愈穩定，生產量也愈豐富。⑥

所謂生產量（production），科學家指的是，每小時、每一年、或是任何單位時間內，植物及動物組織增生的總量。所謂穩定性（stability），是指下列兩者之一，或是兩者兼具的情況：第一，要看所有物種豐富度的總和，隨著時間變動的程度有多小；第二，要看該生態系從火災、旱災、或其他干擾外力中，復原的速度有多快。可想而知，人類當然是希望居住在繽紛多樣又穩定的生態系中。如果能夠自由選擇，有誰會寧願居住在小麥田裡，而不去住在綠樹成蔭的草地上？

生態系要維持穩定，部分也得靠生物多樣性的保險原理。當某種生物從群落中消失，該群落如果物種夠豐富，其所遺留下來的生態區位很快就會塡補起來，因爲候選者衆多。譬如說：一場地面的野火燎燒整片松樹林，把許多居住在森林下層的動植物都燒死了。如果這座森林的生物夠多樣化，它的動植物組成與生產量，很快就會恢復到原先的水準。比較大的松樹，在擺脫掉下層燒焦的樹皮後，會繼續生長，然後又像從前一樣綠蔭濃密。幾種灌木及草本植物也是立刻再生。某些經常蒙受火神光顧的松林，火燒的熱度甚至會觸動休眠種子發芽，因爲這些種子在遺傳上已經設定了對熱有反應，如此可以加速森林的再生。

保險原理的第二個例子如下：我們在環顧一座湖泊時，目光看到的只有比較大型的生物——鰻草、水草、魚類、水鳥、蜻蜓、豉蟲、以及其他大得足以濺起水花或是晚上會不小心踩到的生物。然而，在牠們身邊，數量更大、種類更多的是肉眼看不見的細菌、原生生物、浮游單細胞藻類、水生眞菌、以及其他微生物。這群無數騷動的小東西，才是這座湖泊生態系眞正的基礎，以及潛藏的穩定要素。它們會分解大型生物的屍體，並儲備大量碳和氮、釋出二氧化碳，它們也會降低水域生態系中有機物質循環和能量流的波動幅度。

這群小東西讓湖泊保持在近乎化學平衡的狀態，因此，當淤塞或污染干擾到湖泊時，它們多多少少也能將情況穩住一些。

在一個健全生態系的動態運作中，包含了主要的生物和次要的生物。主要的生物是生態系中的工程師，它們創造出新的棲息地，開放給能夠特化適應新棲地的生物去使用。因此，生物多樣性帶動出更多的生物多樣性，使得整體的動物、植物、以及微生物的豐富度提升到相當的程度。

● 爲了築水堤，河狸造出了池塘、沼澤、與沖積平原。這些環境能庇護各種原本很難生存於湍急河流中的動植物。而且浸泡在水中、構成水堤的腐木，還能提供更多物種來居住和食用。

● 大象踩踏灌木和小樹，在森林裡闢出一塊塊的空地。結果形成一片交錯鑲嵌的棲息地，使其中的生物種類更加豐富。

● 佛羅里達地鼠龜會挖掘三十英尺長的地道，使泥土的成分更加多樣，也因此改變了其中的微生物組合。此外，其他生物也可能擠進牠們的避難所，像是特化適應地道生活的蛇、青蛙、以及螞蟻。

● 以色列內蓋夫（Negev）沙漠的 *Euchondrus* 蝸牛，能吞食並磨碎軟岩石，以餵食生長在牠們體內的地衣。藉著將岩石轉化爲泥土，以及釋出由地衣進行光合作用後產生的營養物，牠們等於爲其他生物開闢了更多的生態區位。

總括說來，許許多多來自不同生態系的觀察，都指出同一個結論：愈多生物生活在一起，所建構的生態系就愈穩定，生產量也愈高。但是另一方面，許多試圖描述生態系中物種互動關係的數學模型，卻得出幾乎完全相反的結論：生物多樣性愈高，愈會降低個別物種的穩定度。在某些情況下（讓眾多互動強烈的物種，隨機移入到某個生態系），個別但相互關連的物種波動，會使得每個物種的數量變動範圍加大，因此也更容易滅絕。同樣的，如果給予適當的生物，就數學模型而言，也可能得出日益增加的生物多樣性，反而導致生態系生產量降低的結果。

當理論與觀察結果衝突時，科學家通常會更爲小心的設計實驗來解決。遇到與生物體系相關的案例，他們的動機特別強，因爲生態系正是最典型「複雜到無法單獨用觀察或理論來解決」的問題。和其他科學一樣，要解決這個問題，最理想的程序莫過於先將該系統簡化，然後一次更動一到二個重要變數，同時儘量維持其他部分固定不變，再觀察會有什麼樣的結果。

一九九〇年代，一組英國生態學家嘗試設計一個比較理想的環境，他們建造了一個人工生物圈（ecotron），然後依需求放入各種生物，形成一個人造密閉的簡單生態系。比較多組人工生物圈之後，他們發現，生產量（以植物增加的總量來計算）會因物種數目增加而增加。同時，生態學家也監看明尼蘇達草原上的區塊（patch，一小塊獨立存在的土地），觀察這個戶外的人工生物圈在乾旱期間的情況，結果發現區塊內生物種類愈多樣化，生產量衰減得愈少，而再生的能力也愈快。

這些先驅研究似乎很能佐證早先科學家所得出的結論，起碼在生產量方面是如此。說得更詳細些，測試到這個程度的生態系，無論就特性或起始情況來說，都不可能吻合「大量物種導致生態系的生產量以及穩定性雙雙降低」這樣的理論。

但是——我們又怎能確定呢，批評者質疑（以最佳的科學傳統方式逼問），難道生產量增加，就一定代表是物種增加所造成的結果嗎？也許這樣的效果是其他因素造成，只不過該因素恰巧與物種數目相關而已。這有可能是統計上的假象。譬如說，某個棲地裡的植物種類愈多，愈有可能出現起碼一種植物生產過量的情況。在這種情形下，植物組織產量的增加，只不過是幸運中獎，算不上是單純屬於生物多樣性本身的特質。以上這種理論，基本上只是文字詭辯。生物多樣性愈豐富，「得到產量特多物種」的可能性愈高，這也可以視爲提高生產力的方式之一。（你如果從一千名候選者當中挑選一隊籃球員，找到一名天才球員的機會，當然很可能高過從一百名候選者中挑選一隊球員。）

不過，話說回來，我們還是有必要瞭解，豐富的生物多樣性所造成的其他結果，是否也扮演了重要的角色。尤其需要瞭解的是，物種互動的方式到底是只造成單方面的生產量增加，或是雙方面都會因此而增生？這樣的過程稱爲生產過度（overyield）。

在一九九〇年代中期，有一項龐大的跨國研究計畫，其目的就在於測試生物多樣性對於生產量的影響，特別是生產過度現象究竟有沒有出現。該計畫後來稱做生物深度計畫（BIODEPTH），其中好幾項子計畫是由八個歐洲國家的三十四名科學家，所進行的為期兩年的研究。這一次，結果就比較令人信服了。他們再度證明，生產量確實會隨著生物多樣性的增加而提升，至少對物種數目大於或等於三十二種生物的群體是如此。此外，該實驗的許多趨勢也證明了生產過度現象確實存在。

數百萬年來，大自然的生態系工程師在推動生產過度方面，一向特別有效率。這些工程師和其他利用它們開拓出來的生態區位的物種，一塊兒演化。這種共同演化在生態系中是滿和諧的。這些構成該生態系的物種，藉由廣布於多個生態區位，比起一般相類似的生態系，它們能攫取並循環更多的物質與能量。人類也算是生態系工程師之一，但卻是很差勁的一個。我們沒有和大部分生物一塊共同演化，現在我們簡直是與全世界為敵，我們消滅的生態區位，遠超過新創造的。我們以前所未有的超高速度，逼使生物和生態系步上絕路，降低了生態系的生產量及穩定度。

野蠻人的生意經

我也承認，就生態系層次的生產量與經濟面來看，搶救某個生態系中所有的物種是說不過去的，尤其是那些罕見得即將滅絕的生物。象牙嘴啄木鳥的消失，並不會影響美國人民的財富。凱司吉爾森林裡的某種罕見花朵或是苔蘚如果消失，也不會影響該地的淨水功能。但是，這又怎麼樣呢？根據生物目前已知的實用價值來評估它們，是野蠻人的生意經。一九七三年，經濟學家克拉克（Colin W. Clark）曾就藍鯨（*Balaenoptera musculus*）的案例，展示了這種觀點。⑦

成熟藍鯨身長可達一百英尺，體重可達一百五十公噸，是所有已知陸地及海洋動物當中，體型最龐大的。同時，牠們也是最容易獵殺的動物之一。整個二十世紀期間，就有超過三十萬頭藍鯨遭到獵殺，最高峰是在一九三〇到三一年那個捕魚季，單單一季就獵殺了二九六四九隻。到了一九七〇年代早期，藍鯨族群已經掉落到只剩下數百隻。而日本人還是想要繼續獵殺牠們，即便牠們會因此絕種也在所不惜。於是，克拉克問道，怎樣做會替捕鯨人以及所有人類創造更多財富：第一種方式，停止獵殺，讓藍鯨數量恢復，然後再以牠們承受得起的速度，永遠獵殺下去；第二種方式是，儘快捕殺所有剩下的藍鯨，然後將賺得的錢投資在股價竄升的股票上？當年報酬率超過二一％時，我們得到令人不安的答案：殺光牠們，把錢拿去投資。

現在，我們來檢查一下，上述論調有何不妥？

克拉克認定的答案很簡單。一頭死藍鯨的金錢價值，只需要考量當前市場上的估計方式，換句話說，也就是牠們的鯨油和鯨肉論斤拍賣的價錢。其實牠們還具有許多其他的價值，隨著我們對活生生的藍鯨瞭解愈深，愈能知道牠們在科學、醫學、以及美學上的價值，而這些價值無論在深度或廣度方面，目前都還無法預料。藍鯨在西元一千年時的價值爲何？差不多等於零。牠們在西元三千年時價值又爲何？基本上應該是無限大，外加當時人們對於祖先所懷抱的感激之情——感謝聰明的老祖宗預先防止藍鯨滅絕。

沒有人能夠事先猜測出，任何一種動物、植物、或是微生物未來可能具備的所有價值。每種生物的潛力範圍很廣，從已知的到目前超乎想像的人類需求。雖說大多數生物對人類來說仍屬未知。在科學上登記有案的生物，也就是具有拉丁文學名的生物，少於兩百萬種，然而，據估計還有五百萬到一億種（或更多）生物有待人們去發現。此外，在已知生物裡，九九%以上被研究的層次也僅限於形態解剖與鑑別。

基因工程帶動農業革命

最可能因著瞭解野生物種而獲益的關鍵產業當中，農業是其一。世界糧食供應目前全繫在生物多樣性很有限的幾種植物上。在目前已知的二十五萬種植物當中，人類糧食有九〇%來自其中的一百多種⑧。其中負擔最重的有二十種植物，裡面又只有三種是攸關人類存活的作物，那就是小麥、玉米、和稻米。對世界大部分地區而言，最主要的二十種作物，只不過是差不多一萬年前各地農業興起時，當地碰巧存在的植物。這些各自興起的農業地帶包括：地中海一帶和近東、中亞、非洲之角（horn of Africa）、熱帶亞洲的水稻區、墨西哥高原、中美洲、以及南美安地斯山。

然而，還有約三萬種野生植物擁有可食用部位，曾餵養過早期靠打獵採食維生的人類，只是這些植物多半都不是生長在上述的農業興起區域內。在這三萬種可食用植物中，起碼有一萬種可以發展成人類的主要作物。其中有幾種甚至馬上就具備商業發展價值，譬如說美洲的三種莧類植物、安地斯山的祕魯胡蘿蔔（arracacha）、以及熱帶亞洲的翼豆（winged bean，或稱四稜豆）。⑨

一般而言，這二十五萬種植物（事實上應該說所有生物），都有可能提供它們的基因，經由基因工程（genetic engineering）植入作物內，來改良品種。只要植入適當的DNA片段，就可能創造出耐寒、抗蟲、多年生、生長快速、高營養價值、多功能、具備水土保持能力、乃至於更容易播種和收割的品種。此外，和傳統育種技術相比，基因工程技術不但全面，而且即時。⑩

這個分子遺傳學革命的附加產物——基因工程技術，始於一九七〇年代。一九八〇和一九九〇年代期間，在世人還沒有完全會過意來之前，它便悄悄成熟了。譬如說，有一種蘇力菌（*Bacillus thuringiensis*）的基因，被植入玉米、棉花、和馬鈴薯的染色體中，以便讓這些作物製造某種能殺死昆蟲的毒素。不用再噴灑殺蟲劑了：基因改造植物現在會自己照顧這一點了。黃豆、油菜（canola）等植物，也被植入細菌的基因，因此可以抵抗化學除草劑。如今，農田清除雜草的代價便宜得多，因為不會傷害到其中生長的作物。

到目前為止，最重大的突破完成於一九九〇年代末，那就是黃金米（golden rice）的登場。這種帶有細菌與喇叭水仙基因的新種稻米，能夠製造維生素A的前驅物β胡蘿蔔素。由於原本缺乏維生素A的稻米，是地球上三十億人口的主食，額外添加的β胡蘿蔔素，對人類的貢獻可不算小。差不多同個時期，藉由兩項近乎馬戲班雜耍的伎倆，基因工程技術證實了它那無窮的潛力：一只細菌基因被植入猴子體內，另外一只水母的生物螢光基因則被植入一株植物。

基因工程引起反對聲浪，幾乎無可避免。對許多人來說，人類的生存基礎等於被神不知、鬼不覺地轉換掉了。在缺乏警示的情況下，基因改造生物（genetically modified organism，簡稱GMO）溜進我們的生活，充塞在我們四周，悄悄改動了自然界與社會的秩序。針對這種新工業的抗議活動，始於一九九〇年代中期，一九九九年時整個爆發，恰恰趕上成爲千禧年的天啓預言活動。歐盟禁止了基因轉殖（transgenic）作物，英國的威爾斯王子則把這種方法比喻成扮演上帝，激進的示威者更是要求全球禁止基因改造生物。科學怪食、超級野草、以及Farmageddon等新詞彙也應運而生：按照英國報紙的說法，它們是「基因黑暗面的瘋狂力量」。有些著名的環境科學家發現，無論就技術或倫理層面，基因工程都有商榷的必要。

在我撰寫本書的時候（二〇〇一年），各國輿論和官方政策對於此一議題的態度，可以說是天差地遠。法國和英國堅決反對。中國大陸強力贊成，至於巴西、印度、日本、和美國，則是態度謹慎。尤其是美國，直到瓶中精靈（基因改造作物的封號）釋放出來後，大眾才意識到這個議題。從一九九六到九九年，美國種植基因改造作物的農田，由三百八十萬英畝，猛竄到七千零九十萬英畝。在二十世紀結束時，超過半數的黃豆和棉花，以及接近三分之一（二八％）的玉米，都是經過基因工程修改過的。

事實上，基因工程確有值得顧慮之處，現在我就來總結並評論一下。⑪

●除了哲學家與神學家外，還是有許多人對於基因轉殖演化的道德層面，感到不安。他們同意這項科技會帶來益處，但是，他們也覺得如此東一點、西一點修改生物，令人不大舒服。雖說人類自有農業以來，早就培育出許多動植物品種，但是從未有過像基因工程所開創的這般大規模與快速步調。此外，在傳統植物育種的年代，雜交通常只限於同一物種的不同品系之間，或是最起碼血緣極相近的物種之間。反觀現在，範圍擴大到整個生物界都可以，從細菌、病毒、到各種動植物。到底我們應該替這種科技訂定多大的容許範圍，一直是還沒辦法解決的道德議題。

●每一種新發展的基因轉殖食物，對於人體健康究竟有何影響，目前還難以逆料，而風險當然也是有的。不過，這些產品也可以像其他新上市的食品般，先經過測試，然後取得認證，之後才申請商標。現在我們還沒有理由認爲，它們所造成的影響會有什麼基礎上的不同。然而，科學家大致都同意，這種產品基本上變動幅度是很大的，理由如下：所有基因，不論是生物體原有的或是源自其他物種，都具有多重功效。它們被看上的原因多半只是主要的功效，例如製造殺蟲物質等。但是，它們還是有可能同時發揮出要命的第二功效，像是變成過敏原或是致癌物等。

●轉殖基因有可能從植入的作物體內，脫逃至該作物的野生親戚體內，只要兩者生長的地方相距不遠。在農業上，雜交一向極爲普遍，早在基因工程問世前便已如此。在全球十三種最主要的作物中，有十二種都曾經在某時、某地留下雜交的紀錄。然而，它們的雜交後代從來不會興盛到反過頭來壓抑野生種母株。我從未見過任何雜交品種能在自然環境中，勝過血緣相同或是極爲接近的野生種。我也從未聽說有任何雜交種變成超級野草，變得和地球上危害最烈的非雜交野草般。無論在天然環境或是人爲改造的環境中，人工培育出來的物種或品種，競爭力都比不過它們的野生親戚，這已經變成一條通則了。當然，轉殖基因有可能改變這條通則。只不過，現在一切都還言之過早。

●基因改造作物有可能藉由其他方式，降低生物界的多樣性。眼前就有一個最著名的例子，某種用來保護玉米的細菌毒素，可以附著在花粉上隨風飛行距離農田六十公尺或更遠處。然後，它們便降落在馬利筋屬植物上，進而殺死靠這種植物爲生的帝王蝶（monarch butterfly）幼蟲。另外一樁意外是，在種植「可防護化學除草劑的作物」的田中噴灑除草劑後，野草雖然清理光了，但是鳥類的食物也因此減少，使得牠們在當地的族群數量跟著下降。這些現象對環境造成的次級影響，尚未經過詳細的田野調查。然而，基因工程普及後，這些影響到底會變得多嚴重，目前還有待觀察。

● 許多人一意識到基因工程可能對日常食物造成威脅後，很自然的便相信，他們的自由又被某些面目模糊的公司（不信的話，看看有誰能叫出三家這方面主要企業的全名），藉由他們無法控制甚至無法理解的科技給奪走了。同時，他們也害怕，這種依賴高科技的工業化農業，可能會因爲一個偶發的小錯誤就釀成大災難。這種焦慮，其實源自深深的無力感。在公衆言論領域，基因工程之於農業，就好比核子工程之於能源般。

橫在我們眼前的問題是，接下來的數十年間，如何能在確保其他生物存活的情況下，餵飽新增的幾十億張嘴，並且不用陷入浮士德式的交易：出賣自由或是安全。沒有人知道這難題應如何解決。同時研究這兩難情況的科學家及經濟學家大都同意，利益還是超過風險。利益一定得來自永續革命（Evergreen Revolution）。這項新行動的目標在於大力提升食物生產量，必須遠超過一九六〇年代綠色革命的成績，然而當年使用的技術和管理政策甚至比現存的還要先進和安全。⑫

基因工程幾乎肯定會在永續革命中扮演要角。體認到基因工程同時存在的利益面與風險面，大多數國家因此開始積極調整政策，以便管理基因改造作物的銷售問題。推動此一快速演進過程的最大動力，來自國際貿易。

公元兩千年，這項議題展開了重要的第一步，超過一百三十個國家初步同意遵守「卡塔黑納生物安全議定書」（Cartagena Protocol on Biosafety），這項公約授予各國限制基因轉殖產品進口的權力。該議定書同時也設置了生物安全資訊交換所（biosafety clearing house），來出版相關的國家政策資訊。差不多在同個時候，美國國家科學院邀集另外五國（巴西、中國、印度、墨西哥、英國）的科學院，以及第三世界的科學院，一起爲基因轉殖作物的開發背書。他們對於風險評估以及核發執照提出建議書，並強調開發中國家有必要更進一步研究和投資。

源自天然的藥物

不論有沒有基因工程做誘因，醫藥界都是另一個隨時等著要攫取生物多樣性寶藏的領域。製藥業目前已從野生生物抽取到大量有用成分。在美國，藥局調劑的處方藥當中，約有四分之一萃取自植物。另外還有一三％源自微生物，三％源自動物，加總起來約達四〇％。更令人印象深刻的是，最主要的十種處方藥當中，九種都來自生物。這麼一群相對來說占少數的天然產物，商業價值竟然如此豐富。據估計，一九九八年的非處方藥市場中，源自植物的非處方藥在美國就占了兩百億美元，在全球更高達八百四十億美元。⑬

然而，即使潛力如此明顯，生物多樣性眞正運用到醫藥上的，只有極微的一小部分。這個範圍到底有多狹窄，從子囊菌（ascomycete）在細菌性疾病治療中的主導地位，就可看出端倪。雖然科學家研究過的子囊菌只有三萬種，只占所有已知生物的二％，但是在目前使用的抗生素當中，子囊菌的貢獻卻高達八五％。它們的利用率其實比起這些數字所顯示的，還要低得多：被人發現並命名的子囊菌種類，大概只占總數的十分之一不到。開花植物也同樣被人忽略。雖說很可能超過八〇%的開花植物都已擁有正式學名，但是其中只有三%的植物其生物鹼成分被分析過，而生物鹼是經證明對癌症及許多其他疾病最具療效的天然產物之一。

有一項演化邏輯與野生生物的藥用價值有關。在生命演化的歷程中，所有生物體內都會演化出身體需要的化學物質，用來抗癌、殺死寄生蟲、或是擊退天敵。發明這套設備的突變和天擇，是一段無止盡的嘗試錯誤過程。在漫長的地質年代期間，數億種生物以無數個體的生與死做爲籌碼，才演化出現今這群突變與天擇賭局中的勝利者。人類已經學會去參考它們，以編成我們自己的藥典。

如今，抗生素、殺黴菌藥、抗瘧疾藥、麻醉劑、止痛藥、凝血劑、抗凝血劑、心跳刺激劑和心律調節劑、免疫抑制劑、人工荷爾蒙、荷爾蒙抑制劑、抗癌藥物、退燒藥、消炎藥、避孕藥、利尿劑、抗利尿劑、抗憂鬱藥物、肌肉鬆弛劑、發紅劑、抗充血劑、鎮靜劑、以及墮胎藥，全都任我們使用，而這些都是源自野生的生物多樣性。

發現新藥之路

革命性的新藥很少是純粹由分子及細胞生物學的研究而來，雖說這些科學對於疾病最基礎的成因，往往有非常詳盡的理解。相反的，發現新藥的路徑通常是倒過來的：藥物最先被發現時，多半還存在生物體內，然後科學家才進一步追蹤它們的活性來源，直到分子與細胞層面。接下來，基礎研究才登場。

新藥發現的第一線曙光：可能來自於數以百計的中國傳統醫學療法；可能是在亞馬遜巫醫使用大量藥物的儀典上發現的；也可能由一名原先完全不知曉它的醫藥潛力的實驗室科學家，無意間觀察到。

現在更常出現的狀況是，藉由隨機篩選植物與動物組織，來刻意尋找新線索。如果得到陽性反應，譬如說能壓抑細菌細胞或是癌細胞，科學家便會將關鍵分子分離出來，然後在動物身上進行大規模的操控試驗，之後，再（謹慎的）用到人類志願者身上。如果試驗成功，關鍵分子的原子結構也已經揭曉，便可以在實驗室中合成該物質，接著是商業合成，這個步驟通常比直接從生物來源萃取便宜許多。在最後這個步驟，天然化學物質可以做爲科學家開發新型有機化合物的原始模型，讓他們東加一個原子，西減一個雙鍵。如此得來的新衍生物當中，有些比它們的天然原型分子還更具療效。對於製藥公司來說，同樣重要的是，這些類似的衍生物也可以申請專利。

藥理學研究的特色就在於意外的新發現。一個碰巧的發現，不僅可能導致一種有用的藥物誕生，甚至可能促進基礎科學的進步，日後衍生出其他的成功藥物。

舉例來說，某次例行的篩檢發現，有一種奇怪的眞菌生長在山巒起伏的挪威境內，能夠製造強力的人類免疫系統抑制劑。當這種分子從眞菌組織上分離出來後，證明是有機化學家從未見過的複合分子。此外，它的功效也無法用當時的分子及細胞生物學原理來解釋。但是它對醫學的重要性倒是明顯的很，因爲在進行器官移植時，人體對於外來組織的排斥作用勢必得加以抑制才行。於是，這種命名爲環孢靈（cyclosporin）的新物質，從此便成爲器官移植工業中不可或缺的部分。同時，它也開啓了關於免疫反應分子的新研究路線。⑭

箭毒蛙的故事

這類令人意外的事件，有時會從博物學的範疇導向重大的醫藥突破，簡直就可以寫成科幻小說——只除了科幻小說並非眞實事件。其中一位主角是產於中南美洲的箭毒蛙，牠們在分類上屬於箭毒蛙科（Dendrobatidae）的 *Dendrobates* 和 *Phyllobates* 兩個屬。小巧得可以蹲踞在人的手指甲上的箭毒蛙，一向是陸棲動物展示館裡備受歡迎的嬌客之一，因爲牠們的體色極爲美麗：這四十種已知的箭毒蛙，全身披覆著各種圖案的橘色、紅色、黃色、綠色、或是藍色，底色則通常是黑色。在牠們的天然棲息地裡，箭毒蛙慢吞吞跳躍著，而且對於潛在天敵的逼近也是一副滿不在乎的模樣。

看在訓練良好的博物學家眼中，箭毒蛙的昏沈表情正是一大警告，因爲觀察動物行爲有一大通則：如果你在野外撞見一種小型、未知、而且美麗非凡的動物，牠很可能就是有毒動物；如果牠們不只漂亮而且還很容易捕捉，那麼牠們極可能具有致命的劇毒。

結果發現，箭毒蛙的背部有腺體能分泌強力毒素。毒素的強度隨種類而異。例如哥倫比亞的箭毒蛙 *Phyllobates horribilis*（這個名字取得眞是太妙了），一隻蛙所攜帶的毒素足以毒死十個大男人[15]。居住在哥倫比亞西部，安地斯山太平洋坡面森林中的兩支印地安部落，Emberá Chocó 以及 Noanamá Chocó，會非常小心的，將他們的吹箭尖端輕輕摩擦毒蛙的背，然後再將這些小東西放走，以便箭毒蛙繼續生產更多毒素。

一九七〇年代，化學家戴理（John W. Daly）和爬蟲學家邁爾（Charles W. Myers）從一種相近的厄瓜多爾箭毒蛙 *Epipedobates tricolor* 身上採樣，仔細觀察箭毒蛙毒素。在實驗室中，戴理發現，將極微量的毒素施加在老鼠身上，作用類似鴉片類的止痛藥，但同時卻又不具備典型鴉片劑的特性。它是否也不會令人上癮呢？如果眞是這樣，該物質也許會是最理想的麻醉藥。

戴理和手下的化學家，從箭毒蛙背部取出的混合液體中，分離並界定出該毒素，原來這是一種類似尼古丁的分子，於是他們命名爲 epibatidine。實驗證明，這種物質的鎮痛效果是等量鴉片的兩百倍，但是很不幸的，它的毒性也太強了，不適合應用在臨床上。下一個步驟，是重新設計該分子。於是亞培實驗室的化學家，不僅合成了 epibatidine，也合成了與它相近的數百種新型分子。在臨床試驗中，他們發現其中一種標號ＡＢＴ—５９４的物質，能兼具各種理想特性。它和 epibatidine 一樣，能壓抑痛覺，包括鴉片劑通常無法作用的一種因爲神經受損所引起的痛覺。此外，ＡＢＴ—５９４還有兩項優點：它會令人警醒而非昏睡，同時也不具有任何呼吸或消化道方面的副作用。⑯

科學發現與物種滅絕競賽

箭毒蛙的故事還帶有另一個關於熱帶森林保育的警訊。要不是箭毒蛙所居住的棲息地遭破壞，epibatidine 以及它的衍生物，幾乎是永遠不會被發現的。等到戴理和麥爾斯繼上次探訪厄瓜多爾後，再次出發欲蒐集足夠分析用量的箭毒蛙毒素時，這種蛙所居住的兩座熱帶雨林，其中一座已經砍光，改種植起香蕉來。還好第二處棲息地仍然保持完整，他們總算能找到足夠的青蛙，蒐集到一毫克的毒液。技術加上運氣，他們靠著那些微的量，界定出 epibatidine 分子，並在製藥領域開創出一條康莊大道。

如果說，搜尋天然藥物好比一場科學與物種滅絕之間的賽跑，一點都不誇張，尤其是在愈來愈多的森林傾倒、珊瑚礁白化之後。還有一個事件，把這項觀點展露得更具戲劇性，這件事開始於一九八七年，植物學家柏力（John Burley）前往馬來西亞婆羅洲島西北角的沙勞越地區，靠近Lundu的沼澤森林採集植物標本。他的旅程，是美國國家癌症研究所贊助的眾多搜尋新型抗癌與抗愛滋天然物的旅程之一。按照例行程序，小組遇到每一種植物，都採集重約一公斤的果實、樹葉、及樹枝。採下的樣本部分送往國家癌症研究所實驗室分析，部分送到哈佛大學植物標本館，進行更深入的鑑定與植物學研究。

其中有一份樣本採自一株高約二十五英尺的小樹，編號是Burley-and-Lee 351。標本送回實驗室後，它的萃取物照例要接受測試，看看對人工培養的癌細胞是否具有抵抗力。和大部分受測物一樣，結果是沒有反應。接著，它又接受下一關篩檢，測試對愛滋病毒的效力。這時，國家癌症研究所的科學家萬分驚訝地看到，Burley-and-Lee 351 跑出來的結果是：「百分之百對抗HIV—1感染所造成的細胞病變，基本上，就是可以讓HIV—1停止複製。」換句話說，標本中含有的這種物質雖然不能治癒愛滋病，但是卻可以解除愛滋病陽性患者病程中的發冷症狀。

Burley-and-Lee 351 被鑑定出是胡桐屬（*Calophyllum*）植物，屬於金絲桃科（Guttiferae）。於是採集隊又再度前往Lundu地區，準備蒐集更多這類樹木的成分物質，純化出抗愛滋病毒分子，並進行化學鑑定。然而樹木不見了，可能被當地人砍來當柴燒或是蓋房子去了。採集隊只好從同一座沼澤森林中，帶回另一種同屬植物，但是它們的萃取物對於病毒卻沒有功效。

當時任職哈佛大學的胡桐屬世界權威史蒂文斯（Peter Stevens），也參與解決這道難題。他發現，原本那棵樹屬於一種罕見品種，是 *Calophyllum lanigerum* 的變種 *austrocoriaceum*。第二次採集回來的樣本則屬於另一個種類，而這也說明了爲何後者沒有功效。Lundu地區再也採集不到 *austrocoriaceum* 的樣本了。大夥開始全面搜索這種神奇植物，最後終於在新加坡植物園中採集到一些樣本。

手上有了足夠的原料後，化學家和微生物學家終於能將這種抗愛滋病毒的物質界定爲

(+)-calanolide A。不久之後，該分子的人工合成物就登場了，而且證明和原萃取物一般有效。更進一步研究發現，它是一種很有力的反轉錄酶抑制劑，而反轉錄酶是愛滋病毒在人類宿主細胞內複製所需的酵素。如今，研究已經進展到評估該分子是否適合上市銷售的階段。⑰

發掘大自然的財富

搜索野生生物多樣性以尋找有用物資，稱爲生物探勘（bioprospecting）。受到大筆投資的推動，過去十年來，這個領域在渴求新藥的全球市場中，成長爲頗具規模的產業。同時，它也能幫人類發掘新的食物、纖維、石油替代物、以及其他產品。有時候，生物探勘者會爲了某些特定化學物質而篩選大量物種，像是防腐劑或是癌症抑制劑。其他時候，生物探勘者則是機會主義者，針對可能產生有價值資源的一種或數種生物做檢驗。到最後，整個生態系會被當成一個整體來探勘，針對每一種生物的大部分甚至全部產物，來進行分析。

從生態系中攫取財富，可以造成毀滅性的結果，也可以是良性的結果。爆破珊瑚礁和皆伐森林能快速取得財富，但是不持久。有節制的捕捉珊瑚礁魚類，在不擾動森林的情況下，採集野生水果和樹脂，卻是可以持續並長存的。從豐富的生態系中採集有價值的物種，然後在缺乏高價值物種的地區大量栽種，不但有利可圖，同時也是最能永續經營的方法。

　　干擾最小的生物探勘，是未來的趨勢。它的遠景可以用下面這座假想森林的矩陣來表達。最左邊一欄，先列出數千種植物、動物、以及微生物的名單，愈多愈好，但是你要知道，絕大多數的物種都還沒仔細調查過，許多甚至連學名都沒有。最上面一列，則寫上這些生物加總起來所有產物可以想像出來的數百種功能。矩陣本身是二維的。矩陣中央的位置則是生物潛在的應用價值，但是它們的特性幾乎全屬未知。

　　生物多樣性的豐富恩賜，可以從熱帶雨林原住民所萃取的產物中看出端倪，他們運用的是傳統的知識與技術，靠著操作示範以及口頭傳授，一代代傳承下來。下面我舉的這些例子，只是亞馬遜雨林上游部落最常使用的藥用植物的一小部分。

　　亞馬遜原住民的知識來自族人對於當地五萬多種開花植物的集體經驗：motelo sango（*Abuta grandifolia*，治蛇咬傷、發燒）；染料樹（*Arrabidaea chica*，治貧血、結膜炎）；猴梯（*Bauhinia guianensis*，治阿米巴痢疾）；大白花鬼針（*Bidens alba*，治口腔潰爛、牙痛）；薪柴樹（*Calycophyllum*和*Capirona*屬的種類，治糖尿病、眞菌感染）；土荊芥（*Chenopodium ambrosioides*，可驅蟲）；星蘋果（*Chrysophyllum cainito*，治口腔潰爛、眞菌感染）；白粉藤（*Cissus sicyoides*，治腫瘤）；書帶木（*Clusia rosea*，治風濕病、骨折）；蒲瓜樹（*Crescentia cujete*，治牙痛）；牛奶樹（*Couma macrocarpa*，治阿米巴痢疾，皮膚炎）；龍血（*Croton lechleri*，治出血）；響尾蛇植物（*Dracontium loretense*，治

蛇咬傷）；沼澤刺桐（*Erythrina fusca*，治感染症、瘧疾）；野芒果（*Grias neuberthii*，治腫瘤、腹瀉）；番瀉樹（*Senna reticulata*，治細菌感染）。[18]

永續利用──兼顧經濟與保育

全球熱帶雨林數千種傳統藥用植物中，西方醫學測試過的種類只有一小部分[19]。即便如此，最常用到的幾種，所具備的商業價值已可媲美農業及畜牧業。一九九二年，兩名植物經濟學家，貝立克（Michael Balick）和孟德爾松（Robert Mendelsohn）證明，在貝里斯兩處熱帶森林採收野生藥用植物，就算計入勞工成本，每公頃還是可以分別獲利七二六美元以及三三二七美元。爲了要做個比較，其他研究人員估算了瓜地馬拉和巴西的熱帶雨林，發現每公頃林地開發成農地後，產值只有約二二八美元以及三三九美元。然而，最具生產力的巴西植物熱帶松，一次採收就能獲得三一八四美元。

簡單的說，藉著不破壞熱帶森林而取得的醫藥產品，也可能替當地人帶來財富，只要市場已經開發，而採收量也不致大到森林支撐不起即可。若把植物和動物食品、纖維、碳排放權交易[20]、以及生態旅遊都包括進來，永續利用所產生的商業價值還會更高。

採用新經濟方式的案例數量愈來愈多。在瓜地馬拉的Petén地區附近，差不多有六千戶人家，靠著適量抽取雨林產物，而過著舒適的生活。他們全體年收入約有四百萬到六百萬美元，比起將森林開發成農田或牧牛場的收入還高。另外，生態旅遊也是一項有待開發的

額外資源。㉑

企業界的策略專家是不會忽略這部大自然藥典的。他們很清楚，只要發現一個新分子，就有可能回收先前投入生物探勘和產品研發的大筆資金。到目前爲止，最成功的案例是，發現生長在黃石公園沸騰的地熱溫泉中的嗜絕境細菌。一九八三年，Cetus公司利用其中一種細菌*Thermus aquaticus*，製造出一種能抗熱的酵素，而這種酵素是ＤＮＡ合成過程中不可少的。這種方法叫做聚合酶連鎖反應法（polymerase chain reaction，簡稱ＰＣＲ），是快速繪製基因圖譜的科技基礎，也是分子生物學和遺傳醫學的支柱。由於它可以將極少量的ＤＮＡ複製放大，因此在犯罪偵查以及法醫學上，也扮演了重要的角色。Cetus公司在ＰＣＲ技術方面的專利（已經過法院認可），利潤驚人，每年爲該公司賺進二億美元，而且還在增加之中。㉒

只要契約基礎夠扎實，生物勘探能夠同時兼顧到經濟面與保育面。一九九一年，默克公司與哥斯大黎加的國家生物多樣性研究所（INBio）簽約，提供協助搜尋該國熱帶雨林以及其他棲地中的新藥物。第一期它們投入一百萬美元，爲時兩年，之後還會接續有兩期類似的贊助計畫。第一期計畫的採集者，目標集中於植物，第二期是昆蟲，第三期則是微生物。如今默克已經開始分析他們在這段期間採集到的超大樣本庫，測試並純化來自樣本的化學萃取物。

同樣在一九九一年，Syntex公司也和中國科學院簽署了一份合約，每年幫對方分析一萬種植物抽取物的藥用成分。一九九八年，Diversa公司和黃石國家公園簽約，繼續對地熱溫泉進行生物探勘，看看能否再找到嗜熱微生物的化學物質。Diversa公司每年付給黃石公園兩萬美元以蒐集生物進行研究，另外也將因此而產生的商業研發利潤，撥回一小部分給公園。回饋黃石公園的經費，將用於推廣保育這些獨特的微生物及棲息地，同時也用於基礎研究及普及教育。

另外還有一些這類型的合約，像是NPS製藥公司和馬達加斯加政府之間，輝瑞藥廠和紐約植物園之間，以及跨國藥廠葛蘭素威康和一家巴西製藥公司之間，而且製藥公司還答應將部分利潤回饋支持巴西的科學研究。

一口氣說這麼多，只爲了辯護「就人類長期物質或健康利益而言，保育生物世界都是必須的」，我想理由也夠充分了。但是，正如我接下來想要闡釋的，還有另外一個原因，就許多層面來看都更爲深刻。它關係著人類獨有的特質以及自我形象。

【注釋】

①原注：關於象牙嘴啄木鳥（*Campephilus principalis*）：Alexander Wilson is quoted from page 20 of *American Ornithology; or the Natural History of the Birds of the United States* (Philadelphia: Bradford and Inskeep, 1808-14)。該物種於一九三〇年的分布以及其後子孫的滅絕，參考以下書籍和它的增修版：Roger Tory Peterson, *A Field Guide to the Birds* (Boston: Houghton Mifflin, 1934)。日後偶爾也曾傳出有人見到美國象牙嘴啄木鳥，但是從未被證實過。其中，二〇〇〇年於紐奧良北邊的珍珠河森林，曾傳出牠們現身的消息，描述得繪聲繪影，令愛鳥者好不興奮，但是，還是一樣，之後的搜尋仍是無功而返（*Boston Globe*, p. 2, November 11, 2000）。

②譯注：奧都邦（John James Audubon, 1785-1851），美國博物學家，曾寫關於北美鳥類的書，附有極多他自繪的彩色插圖。在一九〇五年，愛鳥者組織了奧都邦學會（Audubon Society），宗旨是保存大自然中的野生動物，特別是鳥類。

③原注：地球生態系的經濟價值，是由Robert Costanza及其他十二名科學家和經濟學家所組成的小組所評估的，請參考：*Nature* 387: 253-60 (1997)。

④原注：關於生態系服務，最具決定性的回顧報告，是由三十二個不同領域專家聯合撰寫的：*Nature's Services: Societal Dependence on Natural Ecosystems*, Gretchen C. Daily, ed. (Washington, D.C.: Island Press, 1997)。

⑤原注：有關凱司吉爾山的森林經濟價值、亞特蘭大市區砍除樹木的重植，以及它們對於水土保持的功效，引自：Peter H. Raven et al., *Teaming with Life: Investing in Science to Understand and Use*

America's Living Capital (Washington, D.C.: The President's Committee of Advisors on Science and Technology [PCAST], Biodiversity and Ecosystems Panel, 1999)。這項評估作業是由非政府組織美國森林協會，採用自然資源保育署所研發的公式來完成的。

⑥原注：生物多樣性、生態系穩定度、以及生態系生產量，請參考：David Tilman最近的回顧文章*Ecology* 80 (5): 1455-74 (1999) and *Nature* 405: 208-11 (2000); Kevin S. McCann, *Nature* 405: 228-33 (2000); Jocelyn Kaiser, *Science* 289: 1282-3 (2000); and F. Stuart Chapin III et al., *Nature* 405: 234-42 (2000)。關於數學理論議題，請參考：Michael Loreau, *Proceedings of the National Academy of Sciences*, USA 95 (10): 5632-6 (1998); and Felix Schlapfer, Bernhard Schmid, and Irmi Seidl, *Oikos* 84 (2): 346-52 (1999)。關於微生物多樣性在淡水環境中的分析，請參考：Robert G. Wetzel, *Archiv für Hydrobiologie*: Special Issues: *Ergebnisse der Limnologie* (Advances in Limnology) 54: 19-32 (1999)。關於生物扮演生態系工程師的概念，有眾多案例，請參考：Clive G. Jones, John H. Lawton, and Moshe Shachak, *Oikos* 69 (3): 373-86 (1994)。

⑦原注：有關藍鯨的經濟效益分析，請參考：Colin W. Clark, *Journal of Political Economy* 81 (4): 950-61 (1973)。關於這類案例的純經濟價值觀的弱點，請參考：David Ehrenfeld, *Beginning Again: People and Nature in the New Millennium* (New York: Oxford Univ. Press, 1993)。

⑧原注：全球一百多種糧食作物的種類，請參考：Robert and Christine Prescott-Allen, *Conservation Biology* 4 (4): 365-74 (1990)。評估基準來自聯合國糧農組織所收集的一百四十六國的數據。

⑨原注：關於潛在的新型作物，請參考：E. O. Wilson, *The Diversity of Life* (Cambridge, MA: Belknap

Press of Harvard Univ. Press, 1992)，中譯本爲《繽紛的生命》，金恆鑣譯（天下文化）。

⑩原注：現存作物的新品種和基因，請參考：Erich Hoyt, *Conserving the Wild Relatives of Crops* (Gland, Switzerland: World Conservation Organization, International Board for Plant Genetic Resources, and World Wide Fund for Nature, 1988)。

⑪原注：基因工程在農作物上的應用，由於兼具重要性與爭議性，短短期間內便衍生出一大缸子的文獻。以下是我在簡短評論時參考的資料。關於基因工程潛在的利益：Charles C. Mann and Dennis Normile, *Science* 283: 310-6 (1999); Mary Lou Guerinot, *Science* 287: 241, 243 (2000); Elizabeth Pennisi, *Science* 288: 2304-7 (2000); Anne Simon Moffat, *Science* 290: 253-4 (2000); Michelle Marvier, *American Scientist* 89: 160-7 (2001); J. Madeleine Nash and Simon Robinson, *Time* 156 (5): 38-46 (July 31, 2000)。關於風險和爭議部份：Dean D. Metcalfe et al., *Critical Reviews and Food Science and Nutrition* 36(S): S165-86 (1996); Issue Paper, Council for Agricultural Science and Technology No. 12, 8 pp. (1999); Joy Bergelson, Colin B. Purrington, and Gale Wichmann, *Nature* 395: 25 (1998); Tanja H. Schuler et al., *Trends in Biotechnology* 17: 210-6 (1999); News and Editorial Staffs, *Science* 286: 2243 (1999); Dennis Avery, *World link*, pp. 8-9 (July/August 1999); Adrian Murdoch訪問 Chad Holliday, *World Link*, pp. 36-9 (November/December 1999); Norman C. Ellstrand, Honor C. Prentice, and James F. Hancock, *Annual Review of Ecology and Systematics* 30: 539-63 (1999); Jill Rubin, *Masspirg* (Massachusetts Public Interest Research Group) 18 (3): 4-5 (2000); Klaus M. Leisinger, *Foreign Policy*, No. 119, pp.

113-22 (summer 2000); Miguel A. Altieri, *Foreign Policy*, No. 119, pp. 123-31 (summer 2000); Rosie S. Hails, *Trends in Ecology & Evolution* 15 (1): 14-8 (2000); A. R. Watkinson et al., *Science* 289: 1554-7 (2000)。關於妥協、條約、以及管理，請參考：Royal Society of London, U.S. National Academy of Sciences, Brazilian Academy of Sciences, Chinese Academy of Sciences, Indian National Science Academy, Mexican Academy of Sciences, and Third World Academy of Sciences, *Transgenic Plants and World Agriculture* (Washington, D.C.: National Academy Press, 2000); Cyril Kormos and Layla Hughes, *Regulating Genetically Modified Organisms: Striking a Balance Between Progress and Safety* (Washington, D.C.: Center for Applied Biodiversity Science, Conservation International, 2000); Colin Macilwain, *Nature* 404: 693 (2000); Richard J. Mahoney, *Science* 288: 615 (2000); Tim Beardsley, *Scientific American* 282 (4): 42-3 (April 2000)。我要感謝Monsanto公司的Thomas E. Nickson和Jerry J. Hjelle，謝謝他們與我坦然討論該公司參與開發基因改造作物時，所承受的風險與利益。

⑫原注：有關永續革命這種說法，最早是在一九九〇年代中期，由印度農學專家M. S. Swaminathan所提出：可參考他的著作：*Sustainable Agriculture: Towards an Evergreen Revolution* (Delhi, India: Konark Pvt. Ltd., 1996)。

⑬原注：野生物種對於現代醫藥的貢獻，以及後續商業價值，請參考：Douglas J. Futuyma, *Science* 267: 41-2 (1995); E. O. Wilson, *The Diversity of Life* (Cambridge, MA: Belknap Press of Harvard Univ. Press, 1992) ——中譯本為《繽紛的生命》，金恆鑣譯（天下文化）；Peter H. Raven et al.,

Teaming with Life (Washington, D.C.: The President's Committee of Advisors on Science and Technology, 1999); and Colin Macilwain, *Nature* 392: 535-40 (1998)。

⑭原注：眞菌中發現的免疫抑制劑環孢靈，其構造和生化功能，請參考：Christopher T. Walsh, Lynne D. Zydowsky, and Frank d. McKeon, *The Journal of Biological Chemistry* 267 (19): 13115-18 (July 5, 1992); and Stuart L. Schreiber and Gerald R. Crabtree, *Immunology Today* 13 (4): 136-42 (1992); and *The Harvey Lectures*, Series 91, pp. 99-114 (1997)。

⑮譯注：此處學名疑爲*Phyllobates terribilis*之誤，種名同樣是恐怖、可怕之意。此種金色箭毒蛙，是所有箭毒蛙當中毒性最強的，一隻蛙體內所含毒素約二毫克，而人類的血液中只要含〇・二毫克金色箭毒蛙毒素，就足以致命。

⑯原注：關於從箭毒蛙身上發現鎭痛劑epibatidine，請參考：David Bradley, *Science* 261: 1117 (1993); Charles W. Myers and John W. Daly, *Science* 262: 1193 (1993); and, especially, Mark J. Plotkin, *Medicine Quest: In Search of Nature's Healing Secrets* (New York: Viking Penguin, 2000)。

⑰原注：關於婆羅洲的胡桐屬植物以及愛滋病毒抑制劑 (+)-calanolide的發現，請參考：Robert Cook, *The Harvard University Gazette*, pp.1,4 (November 1996) 的附刊 Arnold Arboretum of Harbard University。該藥物目前正由Sarawak MediChem製藥公司進行抗愛滋病毒測試。

⑱原注：傳統醫學採用的植物，請參考：James L. Castner, Stephen L. Timme, and James A. Duck, *A Field Guide to Medicinal and Useful Plants of the Upper Amazon* (Gainesville, FL: Feline Press, 1998)。

⑲原注：來自熱帶雨林的藥物，請參考：Michael J. Balick and Robert Mendelsohn, *Conservation Biology*

6 (1): 128-30 (1992)。

⑳譯注：碳排放權交易（carbon credit trade），爲了減緩溫室效應，須管制各國的溫室氣體排放量，但因各地需求不同，此排放量可透過碳排放權交易方式，讓國際間依需求出售或購買排放額度，同時達成全球溫室氣體減量的目標。

㉑原注：關於Petén地區的熱帶雨林產業，請參考：Laura Tangley, *U.S. News & World Report* 124 (15): 40-1, 44 (April 20, 1998)。

㉒原注：Cetus公司和黃石國家公園與聚合酶連鎖反應技術研發的關係，請參考：William B. Hull, *Biodiversity* (Consultative Group on Biological Diversity) 8 (1): 1-2 (1998)。另外，我也引用其他生物探勘的事例：Leslie Roberts, Science 256: 1142-3 (1992); Andrew Pollack, *New York Times*, p. C10 (March 5, 1992); Ricardo Bonalume Neto and David Dickson, *Nature* 400: 302 (1999)。並感謝NPS製藥公司的Hunter Jackson私下交換意見（May 27, 1993），以及Daniel H. Janzen私下交換意見，補充最新的INBio與默克公司間的協定。

第六章　生命之愛

常常出現在我們腳邊，
我們不屑一顧的昆蟲或雜草，
都是獨一無二的生命體。
它有自己的名字，有長達百萬年的歷史，
在世界上也自有一席之地。

你是否好奇過，千年以後，當我們像西羅馬帝國的查理曼大帝（Charlemagne, 742-814）一般年代久遠時，後人將如何看待我們？許多人可能會滿意下面這份答案：科技革命持續進展且日益全球化、電腦能力逼近人腦、機械輔助裝置興起、從分子層次重建細胞、殖民太空、人口成長趨緩、全球民主化、國際貿易步調加快、人類飲食與健康空前改善、壽命延長、對宗教的依附更深。

在這幅一派美好的二十一世紀圖像中，我們有沒有遺漏什麼關於我們自己的歷史定位？我們有沒有忽略什麼東西，而且可能將永遠失去它們？到了公元三千年，最可能的答案是：我們失去了大部分其他的生物，以及人類之所以爲人類的某些特性。

我猜想，有些科技擁護者不會同意這個說法。畢竟，就長期而言，什麼又是人類呢？我們已經進展到這個地步，我們還是會繼續的。至於其他生物，科技擁護者說，我們應該有辦法在液態氮中保存瀕危生物的受精卵和組織，之後再利用它們來重建已損毀的生態系。甚至根本沒有這個必要：遲早基因工程將會創造出更能迎合人類需求的新物種和生態系。人類可能會循著此一新趨勢來重新改造自己，讓自己更適合生存在這個人造環境中。

可以預見，這就是以科技狂熱態度來面對自然世界的結果。在我看來，這種令人感嘆的反應，即便只進行一半，都會是一場危險的賭局，是以未來生物的存亡做爲賭注。要讓數以千計我們需要的生物重生（如果把目前大都未知的微生物也算進來的話，甚至可能達到數百萬種），或是以人工合成，並把它們集合到運作中的生態系裡，就現有的科學技術而言，即便是純理論的想像也根本不可能達成①。每種生物在它的棲息地裡，都會特別適應某些特定的物理及化學環境。生物已經演化出某些方式，來適應棲息地中的其他特定生物，而這些方式，生物學家目前才剛剛開始瞭解。想要從光禿禿的陸地，或是空蕩蕩的水域中，以人工方式合成生態系，其瘋狂程度並不輸給讓冰凍人體復活。至於重新設計人體基因，以便讓人類更適應敗壞的生物圈，簡直就是科幻驚悚小說的好材料。咱們還是別再說下去了，讓它留在純幻想領域吧。

保育生物的倫理

還有另外一個原因，使我們不能輕易下此賭注，任憑自然環境消逝。純粹就辯論而言，我們姑且假設可以用基因工程的方法合成新生物，也可以用人工方式重建穩定的生態系。然而，就算有這種渺茫的可能性，我們就應該一意孤行追求短期利益，任憑原本的生物和生態系消逝嗎？就此把地球的生物歷史一筆勾消嗎？那麼，我們是不是也可以順便把圖書館和藝廊燒掉，把樂器劈做木料，把樂譜絞成紙漿，把莎士比亞、貝多芬、歌德以及披頭四②的作品也都銷毀，因爲所有的這些，或至少是極接近的替代產物，統統都有可能重新創造呀。

這個議題，就像所有重大議題般，是一個道德議題。科學和技術是我們能夠做的；道德是我們同意應該或是不應該做的。道德決定源自於倫理，此種倫理是行爲上的準則，而這些行爲將能支持某個取決於其目的之價值觀。至於目的，不論是個人的或是全球共通的，不論是由意識所激發，或是銘刻在神聖經文中，表達的都是我們對自己及人類社會所抱持的形象。簡單的說，倫理的演化是經由不連續的步驟，從自我形象，到目的，到價值，到倫理戒律，再到道德詮釋。

所謂保育倫理，目的就是爲了要將非人類世界中最美好的部分傳遞給將來的子孫。瞭解這個世界，你會對它產生一份擁有的感覺。深入瞭解它，你則會愛它和尊敬它。③所有生物，從美國鷹、蘇門答臘犀牛、平螺旋三齒陸蝸牛（**flat-spired three-toothed land snail**）、光馬先蒿（**furbish lousewort**），一直到還在我們身邊的數千萬種甚至更多的生物，都是偉大的作品。是天擇這位工匠，透過突變以及基因重組，歷經漫長年代與無數步驟，將它們組裝起來的。

我們若仔細觀察，每一種生物都能提供無數的知識與美感樂趣。就像一座活生生的圖書館。從花旗松到人類，眞核生物的基因數目，差不多有數萬個。構成基因的鹽基對（換句話說，也就是蘊藏遺傳訊息的字母），其數量依物種而不同，從十億到百億個不等。就拿一種最普通的動物老鼠來說，一粒細胞內的DNA如果一個個頭尾相接，而且寬度變得像包裝繩那般粗，將能延伸九百公里長，其中每公尺約有四千個鹽基對。如果純以字體數量來論，一只老鼠細胞內的所有基因字量，相當於大英百科全書自一七六八年發行以來的所有版本的總和。

常常出現在我們腳邊，我們不屑一顧的昆蟲或雜草，都是獨一無二的生命體。它有自己的名字，有長達百萬年的歷史，在世界上也自有一席之地。它的基因使得它在生態系中，能適應某個特定的生態區位。經由仔細觀察生物所證實的倫理價值顯示，我們周邊的生命形式都太久遠、太複雜、基本上也太有用了，不宜輕言放棄。

共同的演化歷史

生物學家還指出另一個在倫理上很有力的價值：生物在遺傳上的整體性（genetic unity）。所有的生物都來自相同的遠古始祖。經由解讀遺傳密碼（genetic code）發現，生物的共同祖先很類似現代的細菌和古細菌，是一種單細胞生物，具有目前已知最簡單的解剖構造和分子組成。由於源自三十五億年前的單一始祖，現代生物全都擁有某些基本的分子特性。這些生物的組織均由細胞所構成，而負責管制細胞內外物質交換的，則是一層脂質的薄膜，叫做細胞膜。細胞生產能量的分子機轉皆大同小異。遺傳訊息也都儲藏在DNA裡頭，然後轉錄給RNA，之後再轉譯成蛋白質。末了，由一大隊大體相仿的蛋白質催化劑，也就是所謂的酵素，來加速催生所有的生命程序。④

另一個同樣令人感觸強烈的價值觀，在於人類喜愛從事管理工作，而這似乎源自人類社會行爲中，一種被遺傳定型了的情緒。既然所有生物都起源於共通的祖先，我們也可以說，自從人類誕生後，整體生物圈便開始思考。如果其他生物是身體，我們人類就是心智。也因此，從倫理的觀點來看，我們在自然界的角色是負責思考生命的創造，並進一步保護這個活生生的星球。

認知科學家在研究心智的特性時，對它的定義不只是提供大腦運作這樣的物質實體，更特別的是具備了一片如潮水般的情節湧現。不論是過去、現在、或未來，不論是基於現實、或純粹想像，這些自由湧現的情節全都以同樣的機制攪拌在一起。所謂的當下，建構在如雪崩般傾倒入大腦的衆多感官情緒上。大腦以飛快的步調，先將所有的記憶召集掃描一遍，然後再把紊亂的訊息理出個頭緒。其中只有少數訊息，會選入更高層次的處理機轉。在那兒，細小的片段透過象徵性的影像來登入，爾後轉化成行爲的核心，也就是我們所謂的意識。

就在故事建檔的過程中，過去的事物得以重新修訂，然後再予以歸檔。像這樣的循環過程，可以讓大腦只需記得一小段從前的意識狀態。經過漫長的一生，由於不斷編輯和補充，眞實事件的細節逐漸扭曲。隔了許多世代後，其中最重要的事件便轉化成歷史，最終成爲傳奇與神話。

每種文化都有自己創造出來的神話，主要功能在於把創造該神話的種族，擺進宇宙中心的位置，然後再將歷史描述成一則高貴的史詩。科學所展露的最動人的史詩，莫過於人類以及所有祖先生物的遺傳歷史。只要追溯得夠久遠，往前推三十多億年，地球上所有的生物都擁有一個共通的祖先。像這樣的遺傳整體性，是以事實爲根據的歷史，而且正確性也日益獲得遺傳學家和古生物學家（後者專責重建演化的譜系）的驗證。如果全體人類必須有一則創造神話（尤其是在全球化的當兒，感覺上更需要如此），那麼再也沒有比演化歷史更完整、一致的了。這是另一個偏向管理自然世界的價值觀。

總而言之：把我們和生物環境相繫的眾多價值當中，有一項是關於遺傳整體性、血緣、以及久遠歷史的感知。對於我們以及我們這個物種而言，它們相當於生存機制。保存生物多樣性，就是人類對於不朽的投資⑤。

其他生物是否因此而具有不可剝奪的權力？人們的反應可能有三種，分別源自不同的利他層次。第一種是人類中心主義（anthropocentrism）：除非影響到人類，否則都不必在意。再來則是感情中心主義（pathocentrism）：與生俱來的權力，也必須延伸到黑猩猩、狗兒之類我們能感受同理心的高等動物身上。最後則是生物中心主義（biocentrism）：所有生物最起碼都擁有與生俱來的生存權。這三個層次並非像乍看之下那麼的不同。在現實生活中，它們常常是一致的，但是一遇上生死存亡的關頭，優先排序就會變成：人類第一，其次是高等動物，然後才是所有生物。

生物中心的觀點，藉由公益團體所推廣的類似宗教活動的運動，像是深層生態學⑥和演化史詩，在全球的影響力日益增高。哲學家羅斯頓三世（Holmes Rolston III）曾經說過一則故事，很能比喻這股趨勢。多年來，落磯山一處營地的登山道邊，有一塊標語寫著「請把野花留給別人欣賞。」等到木牌腐朽破爛後，換上的新標語變成「請放野花一條生路吧！」⑦

親生命性

去愛非人類的生物，其實並不太困難，只要多瞭解它們就不難辦到。這種能力，甚至是這種傾向，可能都是人類的本能之一。這種現象稱爲親生命性（biophilia），是一種與生俱來、會特別注意生物以及類似形式的傾向，有時甚至會想與它們進行情感上的交流⑧。人類能夠很敏銳的分辨生物與無生物。我們認爲其他生物是新奇、多樣的。未知的生物，不論居住在深海、原始林、或是遙遠深山中，都會令我們覺得興奮。其他星球上可能有生物的想法，也總是吸引著我們。恐龍更是人們心目中，消逝的生物多樣性的代表。在美國，參觀動物園的人次超過職業運動比賽的觀衆。而在華盛頓的國家動物園，最受歡迎的是昆蟲館，因爲這兒展示的物種最新奇、樣式也最多。

親生命性也會明顯的表現在居所的選擇上。創立不久的環境心理學領域，過去三十年來所做的研究持續得到同一個結論：人們比較喜歡住在自然環境中，尤其是疏林草原或是公園般的地點。人們喜歡擁有遼闊的視野，眺望一大片平坦的草原，而草原上最好能點綴一些樹木或是灌叢。他們還希望靠近水邊，不管是海邊、湖邊、河邊、或是溪邊。人們喜歡把住家蓋在較高的地勢上，然後便可以安全的環顧疏林草原及水域環境。這樣的居住條件，幾乎壓倒性的勝過沒有樹木或是植物極爲稀少的城市住宅。頗高比例的人，不喜歡樹林景色，因爲會遮住視野，而且植物生長雜亂，地面通行不易。簡單的說，就是不喜歡擁擠小樹和濃密灌木所組成的森林地。他們希望有地勢，有視野，好讓視線更寬廣。⑨

人們喜歡從半封閉住宅裡的安全地點，往外眺望心目中理想的地形。如果能自由選擇，他們選擇的居家環境總是兩者兼顧，一方面是安全的避難所，另一方面則視野遼闊，以便向外發展和覓食。不同性別的人，選擇可能稍有差異：至少在西方風景畫家中是如此，女性畫家強調安全的居所，前景通常不大，但是男性畫家則強調開闊的前景。此外，女畫家似乎也比較喜歡把人物的位置，安排在居所內或是附近，反觀男畫家，常常把人物安排到一望無際的空間中。

關於人類的理想住所，景觀建築師和房地產商人打從心底瞭解。因此，符合上述條件的住宅即使不具備實用價值，也可以賣得頗高價錢，如果地點再方便些，例如靠近大城市，價格可就更高了。有一次，我和一位富有的朋友談起人類理想居所的原則，當時我們正從他位於紐約市中央公園旁的頂層豪華公寓，俯瞰公園中遼闊的森林和湖泊。同時，我還注意到，他的陽台上也安置了一堆盆栽。我覺得他眞是一個最佳的實驗對象。我常常想，如果想弄清楚人類的本能，從富有的人觀察起準沒錯，因爲他們享有的選擇範圍最寬廣，而且在能夠自由選擇的情況下，他們通常也很願意順應情感上或美學上的選擇傾向。

目前還沒有找到直接證據，能顯示人類選擇住處的喜好與遺傳基因有關，但是這個現象，卻同時展現在許多不同的文化中，包括北美、歐洲、韓國、以及奈及利亞。

類似的共通審美觀，也表現在人類對樹形的看法上。跨文化的心理測驗顯示，最受歡迎的樹形如下：大小適中、堅實的樹木，層次分明的樹冠寬廣且接近地面。這類最受歡迎的樹木，包括在非洲疏林草原上最興盛的植物刺槐（acacia）。

尋覓祖先家園的本能

樹形審美觀又把我們帶回親生命性的起源問題。人類在棲息地上的偏好，頗符合「疏林草原假說」（savanna hypothesis）：認爲人類起源於非洲的疏林草原及過渡森林。人屬（包括人類及其最近祖先）的整個演化歷史，幾乎都是在這類棲息地近旁或是類似環境上完成的。如果把這段長約兩百萬年的時期，壓縮爲七十年，那麼人類待在祖先環境上的時間便長達六十九年零八個月，之後，有些族群才開始農業生活，並遷徙到農村環境，度過剩下的一百二十天⑩。

疏林草原假說延伸到人類行爲方面，主張人類很有可能在遺傳上便已發展出適應祖先環境的特性，也因此生活在現代的我們，即便居住在人際最疏離的玻璃帷幕城市，還維持著同樣偏好。人類天性中，有一部分是心智發展過程殘留下的偏見，這些偏見會將我們吸引回疏林草原或是類似的替代物身邊。

關於這種棲息地偏好的假說，某些讀者可能會覺得，演化理論未免推展得太過分了。但是，它眞的這般奇特嗎？一點兒都不：只要瞥一眼動物行爲世界，就不會這麼想了。每種動物，從原生動物到黑猩猩，都是靠著本能來行動，尋找生存及繁殖所需的棲息地。這套由遺傳定型了的行為，步驟通常相當複雜，執行起來也十分精準。關於棲地的選擇，是生態學上很重要的一個領域，而且選擇這個主題的研究人員，也從沒遇到過令他（她）失望的案例。

這方面有許多精釆的例子，就拿非洲產的瘧蚊 *Anopheles gambiae* 來說，牠們是一種特化成專門吸吮人類血液的動物（結果牠們變成惡性瘧原蟲 *Plasmodium falciparum* 的帶原者）。每隻母蚊為了要完成她的生命史，她們在污濁的池中誕生、發育完成後，會找尋附近人類居住的村子。白天，她會躲在屋子裂縫中。到了夜晚，母蚊就逆著風朝人體發出的獨特化學氣味而去，直接飛向某個人身邊。她完成這整套行為，不需要經驗，也不需要智力（母蚊的腦子只有鹽粒般大小）。

所以啦，人類身為一種「在演化史上依賴某些特定天然環境，直到非常晚近」的動物，會在一系列天然和人工環境中，保留對疏林草原及過渡森林的美學偏好，應該也不是什麼令人吃驚的事。一般說來，我們所謂的美學，可能就只是我們的大腦順應遺傳適應，針對某些特定刺激，所產生的愉悅感。

童年的學習與探索

我們說，某個本能（更正確的說，某些本能）可以稱為親生命性，意思並不是說，人類的腦袋像是機器的硬體般被固定鎖死。我們也不是像機器人一般，直衝著最近的湖邊草地走去。相反的，人的大腦只是傾向於偏愛某些情境勝過其他情境。研究心智發展的心理學家指出，我們在遺傳上天生就預備要學習某些行爲，而不預備學習另一些行爲。舉一個熟悉的例子，大部分人都預備要學習歌詞，但卻不預備去學習算術。另外，自己得到第一名通常很開心，但別人得到第一名，卻會令我們心生嫉妒。還有，對於各種本能來說，從童年到青年期當中，也各有特別容易學習或是產生厭惡的敏感時期。對於認知來說也是一樣，產生各種行爲的最佳時機各不相同。一般來說，語言的學習通常早於數學能力。

心理學家在研究兒童心智發展時，找出了親生命性的關鍵學習時期。一般而言，六歲以下的孩童通常很自我中心，只管自己，以跋扈的態度面對動物或大自然。他們通常也最不在乎自然界以及其中的動物，只除了幾種熟悉的動物之外。六到九歲的小孩，開始初次對野生生物感到興趣，同時也開始瞭解動物可能感受到的痛苦。九到十二歲的孩子，對於自然界的知識與興趣突然大增，然後從十三到十七歲，他們終於準備培養對動物福祉以及生物保育的道德情感。

美國有一項相關研究顯示，還有另一項結果與棲息地偏好的發展有關。如果把各式環境的照片攤開，供八到十一歲的孩子自由選擇，最受歡迎的就是疏林草原，強過闊葉林、北溫帶針葉林、熱帶雨林、以及沙漠。相對的，年長的孩子則同樣喜歡疏林草原和闊葉森林（也就是他們青少年時期最直接經驗到的自然環境）。這兩項選擇都超過剩下的那三項。至少這項研究數據是支持疏林草原假說的。換言之，孩童明顯偏好遠祖人類的棲息地，但是稍大一些後，漸漸開始喜歡他們生長的環境。⑪

另外一個結果發生在孩子探索大自然的方式上。四歲左右的孩童，只會探索住家附近以及隨手可及的小動物，就像索柏爾（David Sobel）在《孩子的世界》（*Children's Special Places*）中提到的，住家旁廣場和街邊的「小蟲子、花栗鼠、以及鴿子」。八到十一歲的孩子，則會前往附近的樹林、田野、水溝，或是主權不明的地點，因爲他們可以宣稱那是自己的地盤。在那兒，他們常常會建構某種形式的避難所，像是樹屋、堡壘、或是洞穴，供他們閱讀雜誌、吃中餐、和一兩個好友密談、玩遊戲、或是監視周邊的小世界。如果野生自然環境就在近處，當然最好，但那並不是必要條件。在紐約市的東哈林區，孩子們照樣會在涵洞、小巷、地下室、廢棄倉庫、鐵道用地、以及籬笆邊，建構堡壘。⑫

不論是否出於本能，孩童的秘密基地至少可以讓我們養成某些偏好，以進行與日後生存相關的實務練習。秘密藏匿所讓我們與地點產生連結，而且也可以從中培養個性與自尊。它們會強化建構居所的樂趣。如果是在自然環境下進行，建構祕密基地甚至會使得我們一輩子都喜愛親近土地與自然。

以下是我小時候的親身經驗：大約在十一到十三歲期間，我曾在阿拉巴馬和佛羅里達州的森林中，尋覓我的小小伊甸園。有一次，我在距離森林小徑頗遙遠的地方，用樹枝搭了間小屋。很不幸的，後來我才發現部分枝葉來自毒櫟，也就是毒漆藤的表親。那是我最後一次建造秘密小屋，不過，我對自然界的愛好卻反而更加強烈。

親近自然有益健康

如果親生命性眞的是人類的天性，眞的是一種本能，那麼我們應該能找到證據，證明自然界及其他生物對於人類的健康，具有正面的影響。事實上。在生理學及醫學年報上，確實有許多各式各樣的研究能證實這樣的關連，至少在廣義的健康定義下是如此，例如世界衛生組織爲健康所下的定義：完好的生理、心理、及人際關係狀態，而不只是沒有病痛。那麼，以下公布的研究結果便很具有代表性：⑬

●一百二十名志願者在觀看完一部緊張的電影後，接著又看了一部關於自然或是城市背景的錄影帶。事後根據受測者主觀的評比，觀看自然影片的人覺得緊張感比較快平復。另外有四組數據可以佐證他們的看法，那是心理學上使用的標準壓力估計值：心跳、心收縮壓、面部肌肉緊張程度、以及皮膚的導電性。結果顯示（雖然不能證明）副交感神經與這些現象有關，而副交感神經在自主神經系統中，與誘發精神放鬆有關。同樣的結果也出現在另一組，這一組受測的學生先接受極困難的數學考試，之後再觀看模擬騎摩托車經過野外或是都市的錄影帶。

●研究顯示，手術前或是看牙醫前，如果有植物或是水族箱爲伴，可明顯降低心理壓力。另外，透過窗戶觀賞天然景致，或甚至僅僅是觀賞畫框中的天然風景，也都具有同樣的心理放鬆效果。

●手術後的病人如果擁有一扇開向田野或是水岸風景的窗戶，術後恢復較快，併發症較少，而且需要的止痛藥量也較低。

●瑞典有一項長達十五年的研究紀錄顯示，臨床上焦慮的精神病患者對於牆上掛著的天然風景畫作，反應最爲正面，但是對於大部分其他類型的裝飾畫（尤其是抽象畫），反應卻是負面的，有時甚至會有暴力傾向。

●經過比較研究，擁有農莊或是森林爲窗景的犯人，比起窗戶面對監獄廣場者，罹患壓力相關疾病（像是頭痛、消化不良）的機率也比較小。

●關於很流行的「飼養寵物可以減輕壓力」想法，在澳洲、英國、和美國分別進行的研究，都獲得證實。澳洲有一項研究，在去除運動、飲食、和社會階級等變因後，飼養寵物在降低膽固醇、三酸甘油酯、以及心收縮壓等方面，確實在統計上有顯著意義。類似的研究在美國發現，曾經心臟病發作（心肌梗塞）的患者當中，養狗者的存活率比未養狗者高出六倍。不過，我得說聲抱歉，養貓者並沒有這等好命。

親生命性在預防醫學上具有重大意義。就像婦女在經濟安全狀態下，選擇少生育子女般，親近生命的本能可以解釋爲人類幸運的非理性行爲之一，這些現象值得深入探討，並善加應用。目前工業先進國家人民平均壽命已經接近八十歲，然而預防醫學的貢獻，包括設計有益健康並適於養病的環境，卻還停留在低度開發狀態，這眞是令人驚訝。一九八○年以來，肥胖症、糖尿病、黑色素瘤、氣喘、憂鬱症、髖骨骨折、乳癌等，罹病率都增高了。不只如此，科學知識和大衆意識雖然都有進步，但是，罹患冠狀動脈硬化的年輕人，以及罹患急性心肌梗塞的中老年人，卻沒有減少。然而，藉著一些預防措施，上述這些情況其實都是可以延緩甚至避免的。最主要的改善方法包括重新親近大自然，要做的只不過是搶救自然棲地、改善景觀設計、以及重新安排公共建物的窗戶位置，而這些都是低成本、高效益的事。

生物恐懼症

自然界當然也具有黑暗的一面。它向人類展示的面目，並非總是友善的。在人類久遠的歷史中，曾有許多獵殺者渴望吃食我們，許多毒蛇隨時準備對著我們的腳踝發出致命一擊，而蜘蛛、昆蟲，則等著咬我們、螫我們、或是感染我們，還有那些微生物，則打算要將人體分解成惡臭的代謝化合物。自然界光明美好容顏的另一面，是黑暗晦澀的疾病與死亡。

因此，與親生命性相對的是生物恐懼症（biophobia）。和親生命性一樣，這些生物恐懼症也是天性之一。恐懼的強度，會因個人的遺傳與經歷差異，而有所不同。最輕微的症狀，只是稍微厭惡，或感覺不安。但在嚴重的案例，卻可以發作爲標準的臨床恐懼症，激發交感神經系統，造成恐慌、噁心、以及冒冷汗。這種根植在天性裡的生物恐懼感，隨時準備由危險源所激發，而危險源就是人類演化歷程中，在自然界所遭遇到的危險，包括高度、密閉空間、湍急的水流、蛇、狼、老鼠、蝙蝠、蜘蛛、以及鮮血。相反的，卻不包括刀子、磨損的電線、汽車、以及槍枝，雖然它們比起古代的危險源，更具殺傷力，但在演化歷史上還是太過近代，不足以形成可遺傳的天性。⑭

這類遺傳天性的特質有很多種。一次負面經驗可能就足以激發出反應，而且種下永遠的恐懼。關鍵刺激可能是始料未及、甚至很單純的小事，譬如說，突然逼近的動物面孔，或是扭曲的蛇，或像蛇一樣的物品。產生銘印（imprinting）的可能性，會因周遭的緊張環境而強化。這種認知甚至可以是代償性質的：只因爲親眼看到他人恐慌的表情，或是聽說發生在其他人身上的可怕故事。

那些恐懼感深植心中的人，對於下意識的影像，幾乎都會做出即時與潛意識的反應。心理學家以千分之十五到三十秒的速度，展示蛇或蜘蛛的照片，這個速度超過人類意識層面處理問題所需的時間。但是，那些先前恐懼這些動物的受測者，面部肌肉還是會不自覺的出現不到半秒鐘的變化。研究人員雖然很容易察覺到這種反應，但是受測者卻渾然不知這中間發生了什麼事。

由於嫌惡感如此明確，所以能夠針對它們發展出標準測驗，應用在人類遺傳學上，看看人們在這方面的差異是否具有起碼的遺傳學基礎。這裡要計算的是遺傳率，是研究人類族群中各種特徵（像是個性、肥胖、神經過敏等）的複雜差異時，常用的衡量標準。所謂某項特徵的遺傳率是指：族群中「遺傳所造成的個體差異」相對於「後天環境造成的個體差異」的人數比例。據估計，與生俱來對於蛇、蜘蛛、昆蟲、蝙蝠的厭惡，遺傳率約在三〇%，這在人類行爲特徵上是一個常見的數字。廣場恐懼症（一種極端厭惡人群與開放空間的病症）的遺傳率則在四〇%左右。

關於天性中的厭惡感，還有另一項特色，那就是有所謂的敏感期。和親近生命的行爲一樣，生命當中有一段特別適合發展、建立生物恐懼行爲的時期。就拿懼蛇症、懼蜘蛛症、以及其他動物恐懼症來說，敏感期在童年，其中七〇%的案例發生在十歲的時候。但是廣場恐懼症主要發作於青少年及青年期，大約有六〇%是在十五到三十歲期間發病的。

如果自然界的某些成分有時能夠激發我們的古代本能，而讓現代人驚恐癱瘓，那麼人類也可能會出於本能，大肆報復破壞自然界。一萬年前，當新石器時代的人類發現，身邊層層圍繞著一度是地球上最大棲地的森林時，便開始大肆砍伐森林，把它們變成農田、牧場、畜欄、以及稀稀落落的育林地。砍不掉的，他們就放火燒。不斷增加的後代子孫，延續這樣的行徑直到今日，如今，原始林終於只剩下一半了。

當然，人類是需要食物，但是還有另一個觀點來看這件破壞森林的舉動。當時的人類和現在一樣，本能的想望祖先的棲息地。於是他們就按照人類的需求，自己建造了人工草原。人類始終沒有像黑猩猩、大猩猩、以及其他猿猴般，演化成森林居客。相反的，人類變成開放空間的專家。在這個變形的現代世界裡，符合美學的理想環境比較是田園式的，多少也算是我們的草原代用品。

野地的存在價值

這種對棲息地的眷戀，會置野生環境於何地呢？在環境倫理中，再沒有一個問題比這更深刻的了。在發明農業及村落前，人類的住處要不是在野地，就是很靠近野地。人類就是野地的一部分，根本不需要什麼野地的概念。遊牧民族則是在遊牧地和原始地之間，畫了條界線。隨著原始棲地被愈逼愈小，而且人們也利用農業建構起愈來愈複雜的社會時，差別才更加分明。文化先進的人類，開始把自己想像成超越周遭野性世界的生命。他們自認天生就是被揀選要居住在眾神之間的。

野地（wilderness）這個字眼，其古式英文 wil(d)dēornes 的詮釋，最能表現人類賦予它的意涵：野外的，野蠻的。對於遊牧以及城市觀感而言，野地代表的是無法穿透的黑暗樹林、堅固的山頭、長著荊棘的沙漠、浩瀚的大海、以及世上所有尚未馴化的地區。那個世界屬於野獸、野人、邪惡、魔力，以及未知的、無形的危險。⑮

當歐洲人征服新大陸時，將野地的概念界定為：等待被逆轉的邊疆地區。這樣的形象在美國最是明顯，她的早期開發史在地理上已經被界定成：向西部挺進，穿越尚未開發的富饒大地。

接下來，是一個轉捩點。等到差不多一八九〇年，野地已經變成可能被消滅殆盡的稀罕資源，因此值得保護。隨著梭羅、繆爾⑯及其他十九世紀先驅所創造的新保育倫理興起，美國的環境主義也應運而生。無論是在美國、歐洲、或是其他地方，新保育倫理推行的速度都很慢。它主張，人類如果把未來命運全都賭在一個變形的星球上，將是愚不可及的事。早期的環境主義者指出，野地對於人類具有獨特的價值。這項運動的鬥士盟主，首推老羅斯福總統，他曾宣稱：「我痛恨剝削土地的人。」

在現今這個大部分已人工化的世界上，什麼才叫做野地呢？答案依舊：那是比人類更早存在於世間，一片能自給自足的空間，按照一九六四年「野地法案」（Wilderness Act）的說法，所謂野地是指，某處的「地表和生存其上的生物都未被人類馴化，而且人類在這兒只是訪客，並不逗留。」目前世界上眞正具規模的野地，包括亞馬遜、剛果、及新幾內亞的熱帶雨林，北美洲北方及歐亞大陸上的常綠針葉林，以及地球上的古老沙漠、兩極地帶、和大海。

少數異議份子常說，眞正的野地早就不存在了。他們指出（滿正確的），尚未被人類足跡踏上的土地，少之又少。不只如此，全球每年被燒毀的陸地就有五%，而且焚燒所產生的氧化亞氮雲柱，會飄往世界大部分地區。溫室氣體變濃，全球溫度增高，冰河以及高山森林都往山頂退縮。除了熱帶亞洲和非洲的少數地區之外，全球陸地環境都失去了大部分的大型哺乳動物、鳥類、與爬蟲類，使得許多其他的動植物族群也變得不穩定。當野地日益萎縮，它們就會被更多的外來生物侵入，使得當地動植物消失得更快。自然保留區的面積愈小，我們就愈是不得不插手，以防止它們的生態系局部崩毀。

這些說的都沒錯。但是，聲稱現存野地名不符實，而且多多少少已經變成人類的管區，卻是不正確的。這個說法根本似是而非。這就好比藉由宣稱地表只是幾何學上的平面，就能將喜馬拉雅山壓扁到和恆河三角洲一般高。從草原走進熱帶雨林，從港口碼頭駛進珊瑚礁區，你自然會看出其中的差異。原始世界的光彩，依然如昔，等著我們去保護和搶救。

關於野地的精確認知，其實是規模與尺度的問題。即使是在受干擾的環境，原生動植物大都消逝的地區，其中的細菌、原生動物、以及迷你脊椎動物，卻依然生存在古老的地層裡。事實上，微觀野生世界比實際大小的野生世界更容易親近。它們通常都近在咫尺，等著我們利用顯微鏡去發掘，而非搭乘噴射客機去探尋。市區公園裡的一棵樹，便養育了數千種生物，像是一座島嶼，擁有迷你小山、峽谷、湖泊、以及地底洞穴。科學家不過才剛剛開始探索這些小世界。而教育人員在介紹生物世界的奇妙時，對於微觀世界的資料，採用之少，也令人驚奇。對於富有創造力的心智來說，以它們爲基礎的微觀美學，仍然是一片尚未開發的荒原。

迷你保留區也是值得建立的。宏都拉斯的一座山腳下，那塊一公頃大的熱帶雨林，愛荷華那條長滿本土青草的小徑，以及佛羅里達高爾夫球場旁的一個天然小泥塘，全都是值得珍惜並保留的，就算一度居住在該處的大型本土生物早已消逝。

不過話說回來，雖然迷你保留區勝過什麼都沒有，但它們終究不能取代植物繁茂、大型動物繼續存活的大型保留區與超大保留區。雖然人們能夠學習欣賞一滴池水中的野蠻肉食性線蟲，以及形狀變換多端的輪蟲。但是，他們還是需要大一些的動植物，因爲人類的智慧和情感天生就會對它們起反應。除了少數微生物學家外，我認識的人當中，沒有一個會在聽說某城市垃圾場藏有一種炫目的變種細菌後，趕到該垃圾場去參觀。但是，許多遊客和當地人卻會趕往加拿大靠近北極的小鎮垃圾場，去觀賞撿食垃圾的北極熊。

源自內心的渴望

除此之外，野生環境還帶有神秘氣息。少了神秘性，生命都會爲之枯萎。對於心智活躍的人們來說，如果一切都屬已知，簡直是空虛得令人麻木。即使是實驗室裡的小白鼠，也都喜歡到迷宮裡闖蕩。

所以，我們被大自然所吸引，意識到它不只在結構上、在複雜度上、甚至在歷史長度上，都遠超過人類所能想像的千萬倍。自然界中已解開的謎，反倒揭露出更多未知的謎。對於博物學家來說，每回進入野生環境，都能再次燃起心中孩子般的興奮之情，這裡頭也常帶有理解的成分——簡單的說，就是自古以來生命應有的生活方式。

在這裡，我要提供一個私密的回憶，也是數百個長存我心的鮮活記憶之一。那是一九六五年夏天，在佛羅里達群島的尖端德來圖加島（Dry Tortugas）上。我站在花園礁（Garden Key）的水岸邊，背對著傑弗遜堡，望向隔了一條窄小水道的對岸叢林礁（Bush Key），在那一叢叢的海濱灌木和紅樹林中，有著數千隻烏領燕鷗築巢而居。

我有一條小船，馬上就要過去，但是就在刹那間，我突然有股難以解釋的衝動，想要游泳橫渡過去。水道只有一百英尺寬左右，可能還更窄些，而且當時從墨西哥灣流向佛羅里達灣的海流也甚緩慢，絕對構不成危險。看來，我如果游泳過去，應該是沒問題。接著，我又更仔細的看了看水流。水道中央到底有多深？下頭會不會冒出什麼東西來對付我？一條梭子魚？那天早上我才看過一隻五英尺長的梭子魚，在碼頭附近巡游。還有當地鯊魚的情況又如何？雙髻鯊和公牛鯊在深水裡很普遍，這是肯定的，而且牠們有過攻擊人類的紀錄。大白鯊偶爾也會出現。雖然這個地方很少聽說鯊魚攻擊事件，但是，誰知道我會不會成爲難得的例外？就在猶豫的當兒，我突然感到一股衝動，不只想橫渡那條水道，還想潛水探探它的底部。我想弄清楚河底的一切，就像我研究這些島嶼的地表般，看看裡面還住了些什麼，偶爾又會從灣岸漂來些什麼。

游泳渡河的衝動來得快也去得快，但是，我決定以後還要再回來，要和這條偶然間吸引住我的水道以及居住其中的生物，保持密切關連，讓它們成爲我生命中的一部分。這段插曲有些瘋狂，但同時，也是眞實、原始、且令人深感安慰的。

在生命中，有些時候（對於博物學家來說則是常常），我們會渴望通往天堂世界的道路。這是白日夢時分出現在我們心中的本能的餘像，也是希望的泉源。它的秘密，要是燃起了我們的好奇，並且獲得解答，我們將更能掌握生存之道。如果不睬它們，我們會感受到情感上的空虛。人類怎麼會具有這種奇怪的特質呢？沒有人敢確定。但是演化遺傳學告訴我們，即便一千人當中，只有一人是因爲遺傳到冒險犯難以及堅忍個性而存活，幾代之後，天擇還是會把這種個性安置到全人類族群中，讓人們變得好奇而且敢冒險。

我們需要自然界，尤其是它的野地堡壘。它是產下我們人類的奇異世界，也是我們能安然回歸的老家。它所提供的事物，注定能令我們精神愉悅。

【注釋】

①原注：對於生態系是否眞能從最底層的微生物往上一一重建，我深表懷疑，這方面資料，請參考我的著作：*Consilience: The Unity of Knowledge* (New York: Knopf, 1998)——中譯本爲《Consilience——知識大融通》，梁錦鋆譯（天下文化）。

②譯注：莎士比亞（William Shakespeare, 1564-1616），英國劇作家。貝多芬（Ludwig van Beethoven, 1770-1827），德國作曲家。歌德（Johann W. von Goethe, 1749-1832），德國詩人、作家，著有

《浮士德》、《少年維特的煩惱》。披頭四（the Beatles），著名的英國搖滾樂團。

③原注：環境倫理是一個很大的主題，由一小群學術界人士所推動，但很不幸的，卻未受到其他領域學者以及社會大衆的重視。推薦閱讀書單如下：Aldo Leopold, *A Sand County Almanac, and Sketches Here and There* (New York: Oxford U. Press, 1949) ——中譯本爲《沙郡年記》，吳美眞譯（天下文化）, and *For the Health of the Land* (Washington, DC: Island Press/Shearwater Books, 1999); Holmes Rolston III, *Philosophy Gone Wild: Essays in Environmental Ethics* (Buffalo, NY: Prometheus Books, 1986); Bill McKibben, *The End of Nature* (New York: Random House, 1989); Steven C. Rockefeller and John C. Elder, eds., *Spirit and Nature: Why the Environment is a Religious Issue* (Boston, MA: Beacon Press, 1992); David R. Brower and Steve Chapple, *Let the Mountains Talk, Let the Rivers Run: A Call to Those Who Would Save the Earth* (San Francisco: HarperCollins, 1995); Theodore Roszak, Mary E. Gomes and Allen D. Kanner, *Ecopsychology: Restoring the Earth, Healing the Mind* (San Francisco: Sierra Club Books, 1995); Philip Shabecoff, *A New Name for Peace: International Environmentalism, Sustainable Development and Democracy* (Hanover, NH: Univ. Press of New England, 1996); Stephen R. *Kellert, Kinship to Mastery: Biophilia in Human Evolution and Development* (Washington, DC: Island press, 1997); Daniel C. Maguire and Larry L. Rasmussen, eds., *Ethics for a Small Planet: New Horizons on Population, Consumption, and Ecology* (Albany, NY: State U. of New York Press, 1998); Thomas Berry, *The Great Work: Our Way into the Future* (New York: Bell Tower, 1999); James Eggert, *Song of the*

Meadowlark: Exploring Values for a Sustainable Future (Berkeley, CA: Ten Speed Press, 1999); Martin Gorke, *Artensterben: Von der ökologischen Theorie zum Eigenwert der Natur* (Stuttgart, Germany: Klett-Cotta, 1999)。此外，還有一份專業期刊：*Environmental Ethics*, published by the Center for Environmental Philosophy and the University of North Texas, Denton, texas。

④譯注：關於生物的基本構造與遺傳機制可參考：《觀念生物學》，霍格蘭、竇德生著（天下文化）。

⑤原注：「人類對於不朽的投資」一詞，借用自：Kenneth Small, *Politics and the Life Sciences* 16 (2): 183-92 (1997)。

⑥譯注：深層生態學（deep ecology），由挪威哲學家奈斯（Arne Naess）首創的生態哲學，強調所有生物皆平等，並認為萬物自有其本身內在的價值。

⑦原注：落磯山脈營地登山道旁標語牌的變動請參考：Holmes Rolston III, *Garden* 11 (4): 2-4, 31-2 (July/August 1987)。

⑧原注：我曾在以下著作中介紹親生命性的含義：*Biophilia* (Cambridge, MA: Harvard U. Press, 1984)。這個觀念後來被多方引伸，包括：Stephen R. Kellert and Edward O. Wilson, eds., *The Biophilia Hypothesis* (Washington, DC: Island Press/Shearwater Books, 1993); and Stephen R. Kellert, op. cit.。

⑨原注：Gordon H. Orians所引介的人類遺傳上的環境偏好觀念，係參考Jay Appleton (*The Experience of Landscape*, New York: Wiley, 1975)和其他人士的數據與觀念而來，請參考：J. S. Lockard, ed., *The Evolution of Human Social Behavior* (New York: Elsevier, 1980)。將此觀念更進一步發展的著

作包括：Orians and Judith H. Heerwagen in J. Barkow, Leda Cosmides, and John Tooby, eds., *The Adapted Mind: Evolutionary Psychology and the Generation of Culture* (New York: Oxford U. Press, 1992); Heerwagen and Orians in S. R. Kellert and E. O. Wilson, eds., op. cit.; and Orians, *Bulletin of the Ecological Society of America* 79 (1): 15-28 (1998)。

⑩原注：將人類歷史濃縮成七十年的想法，係借用自：Howard Frumkin, *American Journal of Preventive Medicine* 20 (3): 234-40 (2001)。

⑪原注：關於親生命性及棲息地偏好在兒童時期的發展，回顧資料請見：Roger S. Ulrich, S. R. Kellert and E. O. Wilson, eds., op. cit.; Peter H. Kahn, Jr., *Developmental Review* 17 (1): 1-61 (1997) and *The Human Relationship with Nature: Development and Culture* (Cambridge, MA: MIT Press, 1999)。

⑫原注：關於兒童時期的藏匿所，請參考：David T. Sobel, *Children's Special Places: Exploring the Role of Forts, Dens, and Bush Houses in Middle Childhood* (Tucson: Zephyr Press, 1993), p. 90; and Will Nixon, *The Amicus Journal*, pp. 31-5 (Summer 1997)。我自己的親身經驗摘自*Michigan Quarterly Review, p. 90* (Summer 2000)。

⑬原注：關於飼養寵物以及接近自然環境所產生的療效，請參考：Roger S. Ulrich et al., *Journal of Environmental Psychology* 11 (3): 201-30 (1991); R. S. Ulrich in S. R. Kellert and E. O. Wilson, eds., op. cit.; Russ Parsons et al., *Journal of Environmental Psychology* 18 (2): 113-40 (1998); and Howard Frumkin, op. cit.。

⑭原注：生物恐懼症的發展，尤其是遺傳天性中對危險動物的厭惡感，回顧性文章請參考：Roger S. Ulrich in S. R. Kellert and E. O. Wilson, eds., op. cit.。對於蛇的厭惡，尤其是文化演化方面，最早提出者爲：Balaji Mundkur, *The Cult of the Serpent: An Interdisciplinary Survey of Its Manifestations and Origins* (Albany: State U. of NY Press, 1983)，進一步的闡釋請參考：E. O. Wilson, *Biophilia* (Cambridge, MA: Harvard U. Press, 1984)。

⑮原注：關於野地，我參考了許多詳盡的文獻，其中大部分是美國的，包括：Roderick Nash, *Wilderness and the American Mind*, Third Ed. (New Haven: Yale U. Press, 1982); Bill Mckibben, *The End of Nature* (New York: Random House, 1989); Frans Lanting and Christine K. Eckstrom, *Forgotten Edens: Exploring the World's Wild Places* (Washington, DC: National Geographic Society, 1993); J. Baird Callicott et al., "A Critique and Defense of the Wilderness Idea," a special section of *Wild Earth*, pp. 54-68 (Winter 1994/95); David R. Brower and Steve Chapple, op. cit.; Lawrence Buell, *The Environmental Imagination: Thoreau, Nature Writing, and the Formation of American Culture* (Cambridge, MA: Belknap press of Harvard U. Press, 1995); William Cronon, ed., *Uncommon Ground: Toward Reinventing Nature* (New York: W. W. Norton, 1995); Tom Petrie, Kim Leighton and Greg Linder, eds., *Temple Wilderness: A Collection of Thoughts and Images on Our Spiritual Bond with the Earth* (Minocqua, WI: Willow Creek Press, 1996)。

⑯譯注：繆爾（John Muir, 1838-1914），自然文學作家，被尊爲國家公園之父。

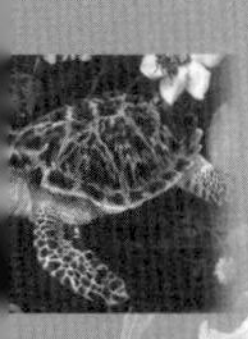

第七章　解決之道

全球保育運動未來的進展，
也就是人類要不要接受此一交易，
全看世間的三根文明支柱是否能相互合作，
這三根支柱分別是：
政府、私人組織、以及科技。

人類就像希臘神話中神祕的巨人安泰斯（Antaeus），藉由與他的母親蓋婭（大地女神）接觸來吸取力量，以應付挑戰和打敗敵人。大力士海克力斯（Hercules）知道了安泰的秘密，把他舉起來，不讓他與土地接觸，終於打敗安泰斯。人類也會因爲脫離大地而受害，不同的是，人類是自找的，而且人類的行爲不僅傷害自己，也傷害了地球。

投資錯誤的後果

套用一句現代術語，人類的發展對於地球和自身所造成的影響，其實是資本投資錯誤的結果。我們不斷提高眼前的回報，把地球的天然資源當做短期年金來耗用。這個策略當時看起來滿聰明的，許多人至今還是這麼想。然而，這麼做的後果是，每人平均生產量與消耗量的增加，市場上充斥著消費品和糧食，以及一大票樂觀的經濟學家。現在問題來了：地球上的主要天然資源，包括可耕地、水源、森林、海洋漁獲、以及石油，都是有限的資源，無法隨著資本提高而成長。不僅如此，這些資源還因爲過度耗用以及環境破壞，而日漸減少。隨著人口和資源消耗的持續增長，每人可享用的天然資源愈來愈少，長期展望並不樂觀。如今，人們總算警覺到困境已迫在眼前，開始急切尋找替代資源。

同時，由於人類消耗自然資源，而非保育自然資源，也造成了兩項亟需注意的副作用。第一項是經濟的不均衡：富有的人，愈來愈富有；貧窮的人，則愈來愈貧窮。根據聯合國的《一九九九年人類發展報告》，全世界最富有的五分之一人口，和最貧窮的五分之一人口，其收入比例在一九六〇年是三十比一，一九九〇年變成六十比一，一九九五年變成七十四比一。一般說來，富有的人也正是浪費的消費者。因此，所得的不平均造成以下令人擔憂的結果：就現有科技條件而言，如果要使世界上其他地區的人口趕上美國的消費水準，我們還需要四個額外的地球才夠。①②

歐洲只稍微落後美國一點點，亞洲四小虎則正全力追趕中。貧國與富國間的所得差距，是憤恨和狂熱份子的溫床。即使像美國這樣的強國也對此感到不安，害怕自殺炸彈的恐怖攻擊。

第二項副作用則是本書最關心的重點，也就是自然生態系以及物種的加速滅絕。已經造成的損害，在人類有限的時間座標中，都是無法修復的。化石紀錄顯示，新的動植物相要花費數百萬年時間，才能演化出人類出現以前的豐饒世界。而損失累積得愈多，我們的後代子孫也將愈痛苦。其中有些損失現在已經可以感受到，有些則得等到以後才能一一體會。

我們的子孫將會問，其他生物爲何會無緣無故消失，我們爲什麼要自陷於萬劫不復的境地？這個假設性的問題，並不是激進環保份子的詭辯。它代表的是，受過教育的社會大衆以及科學、宗教、商業、政治領袖，都愈來愈關注這個議題。

有什麼辦法可以解決物種日漸貧乏的問題呢？在此我將提出一個審愼樂觀的答案。重點是，我們現在已經瞭解問題出在哪裡，也都能體認它的範圍與嚴重性。因此，可行策略的輪廓也漸漸浮現出來。

從環境道德開始

和所有人類事務一樣，搶救地球動植物，也得從倫理與道德開始。道德勸說並不是爲了方便而發明出來的人工產物。它一直都是社會裡最關鍵的黏著劑，是確保交易能夠進行、保障人類能夠生存的法則。每個社會都有它的道德法則，而社會中的每個份子，也必須追隨它的道德領袖，遵守以道德爲基礎的社會法則。這種傾向是與生俱來的。遵守道德不但是本能，而且也證據確鑿，至少人類會要求他人的行爲必須遵守道德。

譬如說，心理學家發現，人類生來就有覺察謊言的天性，而且對於欺騙者表現出強烈的義憤。大部分人都有看穿他人謊言的本領，同時也很擅於撒謊。我們每天都沉浸在是是非非的閒言閒語中。我們喜歡對他人提出忠告，而且在所有人際關係中，也都渴求眞心誠意。即便是專制的暴君，也要擺出正直的姿態，以愛國主義或是經濟上的必要性，將他的不良行爲合理化。從另一方面看，大家都希望獲判刑的罪犯能表現出悔意，而犯人在解釋罪行時，要不是歸咎於一時精神失常，就是說爲了要討回個人公道。

每個人也都有自己的一套環境倫理道德，哪怕是砍了最後僅存的原始林，或是毀了最後一條天然河川，也能自圓其說。他們會說，這樣做是爲了繁榮經濟，增加就業機會。這樣做是因爲我們缺乏空間及燃料。嘿！聽著，人類總應該優先吧！至少應該比老鼠或是野草更有優先權吧。我還淸楚記得一九六八年時，在佛羅里達州西礁島上，和某個計程車司機的一段談話，當時我們談到佛州南部大沼澤地（Everglade）遭焚燒的事件。他說，這眞是糟糕。大沼澤地實在是塊好地方。但是，蠻荒總得讓路給文明，不是嗎？世界就是這樣子進步的嘛，我們又有什麼辦法呢。

在口頭上，每個人都自稱是環保份子。至少沒有人會否認大自然的價值。但是在另一方面，也沒有人會說，且讓我們取諸自然的全都還諸自然。然而，一談到社會責任時，典型的人類優先派看待環境時往往只考慮眼前，反觀典型的環境主義者，他們考量的是環境的長期狀態。兩者都有誠意，而且看法也都有些道理。人類優先派會說，我們需要這邊開發一點、那邊開發一點；而環境主義者則會說，大自然都快要死於這種千刀萬剮下了。所以，怎麼樣才能將長程與短程目標做最理想的結合？也許經過這幾十年來的思想爭辯後，儘量在取得協議的情況下調和這些目標，其結果會比任一方大獲全勝來得令人滿意。我打從心底相信，沒有任何一方眞的想要大獲全勝。主張人類優先的人，同樣喜歡公園；而環境主義者，也同樣需要搭乘以汽油爲動力的汽車。

首先，我們應該要放棄以政治理念或宗教教條爲依據的道德優越性。環境問題太過複雜了，無法單靠信仰或是出於善意的強硬衝突來解決。

第二步則是要卸下武裝。其中最具毀滅性的武器，莫過這兩方予人的刻板印象，也就是兩派極端份子向大衆擺出的全面宣戰姿態。我對他們雙方都很瞭解，這是來自我多年擔任保育團體理事、參與政策會議、以及擔任政府機構諮詢委員的親身經驗。老實說，我已經有點兒厭倦爭鬥了。但是，我們也沒辦法不理會這些刻板論調，因爲這些聲音到處都是，而且裡頭也確實有幾分眞材實料，就好像雪球中的石頭般。但是這些論調並不難理解，而且應該也可以各退一步、調整一下，尋求共同的立場。現在，我就來模擬一下兩派刻板論調間最典型的爭論與批判。

■人類優先派對環境主義者的刻板批評

他們通常自稱環境主義者或保育人士。但是我們叫他們綠色人士、環保人士、環保激進份子、或是環保怪物，要看我們當時有多生氣而定。記住我的話，這批傢伙推動起保育運動，總是太過火，因爲他們把這當成爭取政治權力的工具。這群怪物總是另有目的，他們多半是政治左傾份子，而且通常是極左派。他們滿腦子想的是，怎樣才能拿到權力？他們的目標在於擴充政府，尤其是聯邦政府。這些人希望藉著環保法規和例行監督，來創造一堆適合他們擔任的官僚、律師、或是顧問之類的公職。而這些行業稱做新階級。他們這樣瞎搞，拖累的是你我繳交的稅金，最後甚至還得賠上我們的自由。一個不留神，給這批傢伙奪了權，你的財產可就要遭殃了。哪天可能會忽然冒出一個暑期工讀的左翼大學生，聲稱在你的地產上發現某種瀕臨絕種的紅蜘蛛，然後在你還沒搞清楚狀況前，「瀕絕物種法案」已經讓你走投無路了。你不能把這片地產出售給開發商，甚至也無權砍伐上面的樹木。於是，投資人沒有辦法從聯邦土地上，取得國內極端需要的石油與天然氣。不騙你，我也贊成環保，也認爲讓生物滅絕很遺憾，但是保育總該有個合理的範圍才對。這種事最好交由私人來進行比較妥當。地主自然曉得怎麼做對他的土地最好，他們也同樣關心土地上的動植物。讓地主自己去進行保育吧，他們才是國家的根本，讓他們來管理並處置環保事宜。美國最需要的，同時也是環境最需要的，是強大、持續成長的市場經濟，而非鬼鬼祟祟的社會主義。

■環境主義者對人類優先派的刻板批評

環保運動的「批判者」？他們也許是這麼看自己，但是我們的瞭解可正確多了，他們是一群反環保人士、西部人、或是聰明的使用者（這是他們自己的說法，可不是我有意挖苦）、以及山艾樹反抗者③。這幫人竟然還敢宣稱他們也很關心大自然，眞是全世界最差勁的僞君子。尤其是那些高官和大地主，他們眞正想要的，就只是毫無節制的資本主義。他們經常隱藏自己的右翼政策，一談到氣候變遷以及物種滅絕，總是輕描淡寫。對他們來說，經濟成長永遠是最重要的、甚至是唯一的好事。至於他們的環保觀念，只及於放養鱒魚，或是在高爾夫球場周邊種點兒樹之類的。他們對於公共託管的認知，就只有強大的軍隊或是補助伐木及牧場等。反環保份子如果不像現在這樣和企業財團密切掛勾，早就被人笑死了。注意到沒有，國際決策者對於環境的關心是多麼罕見。在世界貿易組織這類大型會議上，以及其他有錢有勢者的集會場所，保育問題頂多只能博得一場聽證會。所以我們只有靠場外抗議來表達意見。我們希望能吸引媒體的注意，以及至少讓那群非經民主投票選出的當權派探頭往窗外看上一眼。在美國，右翼份子使得「保育主義」成了諷刺的字眼。他們到底想保育什麼？當然是他們一己的利益，絕不會是大自然。

雙方都有死硬派支持者，眞的說出像上述內容的話語。而這種控訴也造成很大的傷害，因爲兩派陣營都有很多人聽了進去。他們所表現出來的懷疑與憤怒，阻礙了更進一步的討論。更糟的是，現代的媒體一再以製造衝突的方式來火上加油，結果只是讓人們的立場更加涇渭分明，也更加偏離中心，往兩極靠攏。

這個問題是沒有辦法靠著單方面大獲全勝來解決的。事實上，每個人都希望經濟生產力能夠提升，都希望社會上有許多待遇優渥的工作機會。人們幾乎也全都同意私有財產是一種神聖的權利。但是在另一方面，每個人也都很看重淸淨的環境。至少在美國，自然保育幾乎已經擁有神聖的地位。一九九六年，貝爾登和羅素尼洛（Belden and Russonello）曾經幫美國生物多樣性諮詢組織（U.S. Consultative Group on Biological Diversity）做過意見調查，結果顯示七十九%的人把健康與愉悅的環境列爲最重要的事項，如果以一到十分來評比，可以得到十分。此外，也有七十一%的人認爲，「大自然是上帝的傑作，人們應該尊敬上帝的作品」這句話的重要性也該列爲十分。只有在「繁榮」與「搶救上帝的作品」

這兩項同樣受到青睞的議題產生衝突時，才出現意見分歧。這時，如果不同的政治意識型態再加進來，強化雙方的對立與衝突，問題就變得更棘手了。④

統合的長程目標

合乎道德的解決方案是，先檢驗並切斷外加的政治意識型態，然後引導雙方往共同立場移動，也就是把經濟發展與自然保育列爲合一、相同的目標。

這樣一個統合的環境運動的指導原則，最後一定得以長程目標爲主。過去這兩百年的環保主義史，帶給我們最大的教訓便是：人們唯有將眼光超越一己，落到他人身上，再進而落到其他生物身上，心底才可能產生眞正的轉變。然後，只有當他們能將地域觀點從教區，擴及國家乃至更遠，並且把時間座標從自己的一生擴展到未來很多、很多代，最後延伸到全人類的未來時，這項轉變才會更扎實。

人類優先派所奉行的教條，基本上和傳統環境主義者的教條一樣道德，只不過他們的論點比較著重於方法和短期結果。不只如此，他們的價值觀也不像一般人所認定的，只是反映資本主義思想。講到底，企業總裁也是人哪，他們也有家庭，也同樣希望擁有健康、生物繽紛的世界。他們當中許多人正是環境運動的領袖。現在是時候了，我們應該承認他們的投入是成功的關鍵。目前世界經濟是由資本與技術創新所推動的。我們沒有辦法再重回田園式的生活環境，而社會主義也沒有辦法再次試圖搶救我們，至少不能再以共產主義的模式。相反的，社會主義的沒落對於大自然反倒是件好事。大部分嘗試過社會主義實驗的國家，環保方面的紀錄甚至比資本主義國家還要糟糕。極權主義，不論極左或極右，都是與魔鬼打交道：以破壞環境換取奴役。

以科技爲後盾的資本主義所挾有的巨大力量是阻擋不了的。加上十多億居住在開發中國家的窮人正急於加入，以便分享工業國家的物質財富，資本主義的動能又更加強大了。但是，它的方向還是可以根據共通的長程環境道德，而有所修正。抉擇很清楚：這股巨大力量可以迅速將生物世界消滅光，又或者它可以重新調整方向以拯救生物世界。

科學和技術正是值得樂觀的理由。它們正以指數速度成長——但是電腦運算能力則是以超指數速度成長，一年就可以增加一倍。最後會造成哪些結果，目前還沒辦法預測。但是有一項幾乎可以確定，那就是人類一定會更加瞭解自己。近幾十年來，許多神經科學專家都相信，我們終將更能掌握心靈與行爲的生物性基礎。如此，將能提供社會科學更扎實的根基，也讓我們更有能力避開政治及經濟災難。

另一項快速進展，則是關於全球環境及可用資源變動情形的精密圖像，諸如生態足跡或是生命地球指數這類扎實的計算，替將來發展更明智的經濟計畫提供了基礎。此外，科學和技術也保證，能在減少物質及能源消耗的情況下，提高每人平均糧食生產量。如果想成功發展長程保育以及永續經濟，上述兩項都是先決條件。

這些資訊都是在全球網路上流通的。因此全世界的人都可以看到太空人眼中的地球：

一個小球體，外面包裹著一層薄薄的、經不起粗心踐踏的生物圈。如今，愈來愈多來自商界、政界以及宗教界的領袖，能以這種先見之明的方式來思考。他們開始明白，人類正面臨著人口過多、以及消費過度的生存瓶頸。原則上，起碼他們都同意一點：我們必須謹慎行事，才能安然度過這個瓶頸。

宗教界的參與

在搶救並復原自然環境的同時，一邊將數量穩定的世界人口的生活提升到相當水準，是一項崇高而且可達成的目標。這使我產生了另一項審慎的樂觀，那就是環境議題在宗教思維中也日益重要。這項潮流的重要性不只在於它所具有的道德意涵，也在於它本質上的保守性與眞實性。宗教界領袖對於要選擇推動特定事物，一向非常謹慎。他們的權力來源，也就是神聖的經典，其內容通常都是不太容許修正的。到了現代，由於物質世界的知識以及人類預測未來的能力都大幅飛躍，宗教領袖與其說是領導道德的演進，不如說是跟隨還更恰當些。最先踏入這個環保新領域的，是一批勇於冒險的聖者以及激進的神學家。接著是數量日益增加的信衆，然後連各教派的祭司、主教、伊瑪目也審愼跟進了。⑤

就亞伯拉罕教派而言（像是猶太教、基督教、以及回教），環境道德與信仰並不矛盾。因爲他們都相信地球是神聖的，而且也認爲大自然是上帝的傑作。十三世紀時，亞西西的聖方濟（Saint Francis）曾經爲上帝的傑作祈禱，爲公開承認信仰的弟兄姊妹祈禱，同時也讚美人與自然間「美妙的關係」。在聖經《創世紀》第一章第二十八節中，上帝指示亞當與夏娃：「要生養眾多，遍滿地面，治理這地，也要管理海裡的魚、空中的鳥，和地上各樣行動的活物。」然而，曾幾何時，這句經文被詮釋成「大自然是爲了滿足人類需求而設」。但是，現在的詮釋則比較接近如何管理自然界。

天主教教宗若望保祿二世曾經明確表示，「生態危機是一項道德議題。」而且，全球兩億五千萬東正教教徒的精神領袖，大公宗主教巴多羅買一世，也曾以舊約聖經先知的口吻宣稱：「人類若是造成其他生物絕種，並毀壞了上帝創造的生物多樣性，人類若是因改變氣候、剝削天然森林地、或是毀掉濕地而減低了地球的完整性，人類若是用有毒物質污染了地球的水源、陸地、空氣乃至其上的生物，皆是罪惡。」

某些基督新教教派在保育運動中相當活躍，其中福音教派更是率先逐字詮釋聖經。一九八八年福音環境網路（Evangelical Environmental Network）主持人拉逵爾（Reverend Stan L. LeQuire）尖銳的談起這個議題：「我們福音教派愈來愈覺得，環境問題不屬於民主黨人或共和黨人，而是來自聖經中最美妙的訓示，它教導我們要藉由關懷生物來敬拜上帝。」他那加入諾亞聖會（Noah Congregation）的網路，以行動證明了他們的信念：該網路捐出一百萬美元，做爲抗爭經費，結果成功消弭了國會試圖削弱「瀕絕物種法案」的企圖。

在福音教派的文化中，上帝還是會打擊壞人，雖然只是透過讓壞人自食惡果的方式。且讓我們來傾聽一下珍妮賽・雷（Janisse Ray）的心聲，她是一名來自喬治亞州南部的年輕詩人。她在一九九九年出版的自傳《南方窮孩子的生態學》中，描繪該地區大王松的毀滅經過。她的警句充分捕捉到福音教派傳道的神韻：

如果你砍伐了一座森林，你最好不斷祈禱。當你忙著開路、牽線、用推土機搬運原木時，你最好趕緊對上帝說話。當你巡視林地並在樹上標示砍伐記號時，祈禱吧；當你販賣木片或原木時，當你開支票付汽油費時，也要祈禱——哪怕只是低語或輕啓嘴唇都好。如果你握著鋸子或剪子，把樹木砍倒在地，一棵又一棵，還把它們粗魯的堆在一邊，我得說，你最好大大的祈禱；而且在你把它們拖走時，要祈禱得更加賣力。

上帝並不喜歡砍光整片森林。那會令祂心底發涼，令祂退縮，並懷疑祂的造物出了什麼問題，也使得祂不得不開始思考，究竟是什麼寵壞了這個孩子。

此外，從羅馬天主教教區到猶太教會，各教派都加入了這場環境運動。二〇〇〇年成立的跨宗教組織「森林保育宗教運動」（Religious Campaign for Forest Conservation），目標就在於整合猶太教和基督教在這方面的努力。該組織成員共有的信念是，摧毀天然環境的活動「會造成巨大且不公的經濟不平等。我們要以最沈痛的心情宣布，它們相當於精神破產，因爲它們否定了上帝，而且造成人類社會的崩解。」⑥

有一個場合，令我深深難忘。一九八六年秋天，美國羅馬天主教的人類價值委員會邀請我，參與討論科學與宗教間的關係。我前往底特律附近，參加了這場爲期兩天的會議，與會者還包括其他三名科學家、以及一群業餘天主教神學家。正如一名神學教授所說的，「自從科學隨著聖阿奎奈⑦離去後，我們就再也不曾邀她回來過。」然而時代不同了。等到我們結束各式各樣坦誠的討論後，主教們寫了一張會後優先研究的議題清單。排名第二的就是環境與保育。

後來在一個同類型的場合裡，我也受到當時柯林頓政府的內政部長貝比特（Bruce Babbitt）的邀請，與他、另一名科學家以及多位宗教界領袖，一同討論在推動保育運動時，我們在個別職業身分上所能扮演的角色。會場的氣氛一片和諧，稱得上水乳交融，雖說也有那麼丁點兒的同謀味道。會議結束時，貝比特宣稱，如果美國境內最強大的兩股勢力，科學與宗教，在這個議題上能取得共識，美國的環境問題一定能很快解決。

這種合作方式極爲可行。我的想法是，世俗和宗教的環境價值，其實都源於人類與生俱來所感受到的大自然的吸引力。這兩種環境價值對動物表現出同樣的熱情，對花朵和飛鳥也有同樣的美感反應，對神秘的野生環境更是同感好奇。當然啦，關於這些感受源起於何處，世俗思想家和宗教思想家的說法從來就不相同。他們會爭論到底應該由何人（或何神）來判定，何謂環境道德所需要的管理方式。但是這些爭論屬於認知上的差異，雖然在其他生活層面非常重要，但遇上環保議題，卻可以暫且先擱在一旁。至少在美國，民意調查顯示，只要訊息充分，而且以道德訴求爲主，不論屬於什麼社經團體，不論屬於何種宗教信仰，所有人都變成了保育主義者。即便是環境掠奪者，也不敢對道德不敬。他們辯稱，在某些情況下，砍伐老樹不但可以減少火災，還有助於野生生物的生長。掠奪者反駁道，全球暖化也許並沒有那般嚴重。不過，他們也不反對保護貓熊、大猩猩、或是老鷹。

可行的保育策略

由於公衆意見如此一致，現在問題已經不在於爲何要進行保育，而在於如何達成保育。這項挑戰雖然十分艱鉅，但仍舊可以克服。過去二十年來，科學家和保育專家合力訂出了一套策略，希望能夠保護大部分目前尙存的生態系和物種。這套策略的要點如下：⑧

●立即搶救地球上的多樣性熱點。這些棲地不但風險最大，而且也庇護了世界上密度最集中、最獨特的物種。其中，最有價值的陸地熱點包括下列地區殘存的雨林，像是夏威夷、西印度群島、厄瓜多爾、巴西的大西洋沿岸地區、西非、馬達加斯加、菲律賓、印度至緬甸一帶。此外，還包括位在南非、澳洲西南部以及加州南部的地中海型氣候灌木林。這二十五個特別的生態系只占陸地總面積的一・四％，差不多只有德州與阿拉加斯州加起來這般大。然而，這些地方卻是現存四十四％維管束植物，以及三十五・六％哺乳類、鳥類、爬蟲類、及兩生類動物的家園。由於人類的伐木和開發，這二十五個生態熱點的面積已經削去了八十八％；如果繼續破壞下去，有些地區甚至可能在未來幾十年內消滅。⑨

●盡量保持剩下的五個邊陲森林的完整性。這些森林是地球上僅存的眞正野地，同時也是生物多樣性面積最大的孕育地點。這些地區包括：亞馬遜盆地和圭亞那、中非剛果、新幾內亞等地的雨林區，以及加拿大、阿拉斯加、俄羅斯、芬蘭、和北歐地區的溫帶針葉林。

●停止砍伐所有的原始林。這類棲息地每喪失或消滅一分，地球就要以減少生物多樣性做爲代價。尤其是熱帶森林棲地的減少，代價特別高昂，對於森林熱點來說，更可能會造成嚴重災難。同時，也要讓天然次生林復原。目前時機已經成熟（機會多不勝數），可以將原木採伐工業轉型，改爲在已開墾的地區上植林。栽種木材和紙漿原料將可以變得像農業般，利用高品質、生長快速的樹種，來提高生產力和利潤。爲了達成此目標，值得努力擬定一份類似「京都議定書」的國際協議，來防止進一步破壞原始林，也提供伐木業一個公平競爭的經營環境。

●全面注意湖泊、河川系統（不只限於熱點和野地），因爲它們是最受威脅的生態系。尤其是熱帶與暖溫帶地區水域，其單位面積的瀕絕生物比率，高居所有棲息地之冠。

●明確界定出海洋中的多樣性熱點，並且要像陸地熱點般，訂定保育行動的優先排序。最重要的是珊瑚礁，這兒就彷彿海洋中的熱帶雨林，擁有極高的生物多樣性。然而，包括馬爾地夫、加勒比海部分地區、以及菲律賓附近，全球超過半數的珊瑚礁，已經因爲過度捕撈或海水溫度升高而飽受摧殘，情況十分危急。

●爲了讓保育的努力成果落實，並符合成本效益，應該製作一份世界生物多樣性的地圖。科學家曾經估計，世上大約還有一〇%或更多的開花植物、大多數的動物、以及絕大部分的微生物處於尚未發現、沒有學名的狀態，因此也無法得知它們的保育情況。這份地圖一旦製作完成，將會成爲一部生物百科，其價值不只在於保育實務方面，更具有科學上、工業上、農業上、醫藥上的應用價值。而完備的全球多樣性地圖也將成爲統合生物學的利器。

●利用最先進技術來繪製地球陸地、淡水以及海洋生態系的地圖，確保全世界的生態系都已涵蓋進此一全球性的保育策略中。保育的視野不只得納入擁有最豐富物種的棲息地，像是熱帶雨林和珊瑚礁，也必須將沙漠或是北極苔原這類棲地納入，因爲後者的生物也同樣獨特。

●儘量使保育有利可圖。想辦法讓居住在保留區內或附近的民衆收入提高。讓居民優先享有該自然環境的利益，設法讓他們成爲保留區的專業保護人員。協助鄰近已開發農地或畜牧地的生產力提升，同時加強保留區附近的保安措施，並爲保留區開闢收入來源。還要向當地政府（尤其是開發中國家）證明，野地發展生態旅遊、生物探勘、乃至碳排放權交易，所產生的利益都高過以同樣面積的土地來進行伐木或是農作所得。

●更有效利用生物多樣性，讓全球經濟整體獲益。擴展田野調查以及實驗室的生物技術，以開發新作物和牲畜、培育食用魚類、種植木材專用林、發展製藥業、以及培養生物醫學上的有用細菌。就像我在第五章提到的，有些基因改造作物不但很有營養，而且只要小心研究和管制，證明對環境也很安全，這種作物就應該多加採用。基改作物除了能餵飽飢民，還能幫忙減輕野地的壓力，以及野地中生物多樣性所面臨的壓力。

●展開復原計畫，以增加地球上自然環境的面積比例。目前世界上明文規定的陸地保護區，面積約占一〇%。就算嚴格保護，這樣的面積也只能搶救野生物種的一小部分而已。目前有相當多的動植物族群數量少到難以生存下去。每增加一小片空間，就能讓更多物種通過人口過多與過度開發所造成的瓶頸，造福後世子孫。最後（而且愈快愈好），我們將能夠（而且應該）設定一個更高的目標。冒著被視爲極端份子的風險（其實就這個主題而言，我也承認我是），且讓我建議一個理想比例：五〇%。也就是一半地球給人類，一半給其他生物，以便創造一個既能自我供養又令人愉悅的星球。

●增加動物園和植物園的容量，以繁殖更多瀕臨滅絕的物種。大部分的動物園和植物園都已經在努力扮演這樣的角色。當所有其他保育措施都失效時，不妨準備複製物種。擴增現存種子及孢子銀行，並增加冷凍胚胎和組織的保存。但是要記得，這些方法都頗昂貴，頂好備而不用。不只如此，它們也不適合用來保存大量物種，尤其是無數建構生物圈功能基礎的細菌、古細菌、原生生物、眞菌、昆蟲以及其他無脊椎動物。就算眞有一天，所有物種都能以人工方式保存下來，我們也絕對不可能將它們重新組裝成一個自給自足的生態系。搶救物種最保險、也最便宜的方法，還是在於盡量保存天然生態系現有的組成。

●支持人口計畫。協助指引世界各地的人們改變生活型態，減少生育、減輕生態足跡，以邁向一個生物繁茂多樣且令人更快樂、安全的未來。

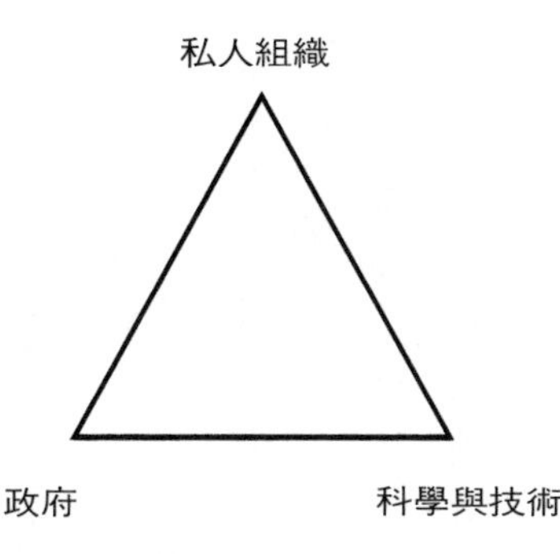

地球目前還是很有生產力，而且直到二十一世紀中葉左右，人類不只有辦法餵飽全世界人口，同時還有辦法提升生活品質，而現存大部分生態系及物種也還是可以受到保護。就這兩項目標而言，後者便宜得多，而且是人類有史以來最划算的交易。因為每年只需要世界年度生產毛額的千分之一，或者說只需要三十兆美元當中的三百億美元，就能完成全球保育的大部分任務。其中一項關鍵議題——保護並管理世界現存的自然保留區，甚至只需要每杯咖啡附加一分錢的稅金就可達成。⑩

全球保育運動未來的進展，也就是人類要不要接受此一交易，全看世間的三根文明支柱是否能相互合作，它們分別是：政府、私人組織、以及科學與技術。

政府負責制定法律和執行法規。如果這些規範又具有道德基礎的話，對長期管理將大有益處。這些法令措施會將環境當成公共託管物。此外，它們還是全球環境保護條約的具體措施，這些環保條約譬如：一九八二年的「聯合國海洋法公約」（United Nations Convention on the Law of the Sea）、一九八七年的「蒙特婁破壞臭氧層物質管制議定書」（Montreal Protocol on Substances that Deplete the Ozone Layer）、以及一九九二年於里約熱內盧地球高峰會簽訂的「生物多樣性公約」（Convention on Biological Diversity）。私人機構是在政府所制定的公共信託法令下運作的，相當於社會的動力來源。當經濟改善物質生活之後，社會大眾就會開始注意並規畫各種對他們而言很重要的事物，包括環境在內。在這個過程中，科學與技術趁勢興起，它們是改進物質世界知識的途徑，控制了我們的生活，但也使得個人自我實踐成爲可能。

這三項要素的緊密結合，是全球保育能否成功的關鍵。由私人及政府支持機構所展開的眾多環境運動，是二十年前人們想都不敢想的。大眾對保育運動的支持雖然一度不怎麼熱烈，如今卻開始加速進行。有好幾個開發中國家，像是墨西哥、厄瓜多爾、巴布亞新幾內亞、以及馬達加斯加，都是由國家型計畫支持天然棲息地的保育行動。[11]

保育先鋒——非政府組織

全球保育運動的先鋒卻是由非政府組織所組成的。它們的規模不一，可以龐大到像是國際保育協會（Conservation International）、野生生物保育學會（Wildlife Conservation Society）、世界自然基金會（World Wide Fund for Nature）、美國的世界野生生物基金會[12]、自然保育協會（The Nature Conservancy）。這些組織也可以很小、很專業，像是下列這些頗具代表性的團體：海洋生態基金會（Seacology Foundation，海島環境與文化）、生態信託（Ecotrust，北美地區的溫帶雨林）、Xerces 學會（Xerces Society，昆蟲與無脊椎動物）、國際蝙蝠保育協會（Bat Conservation International）、巴里把板猩猩協會（Balikpapan Orangutan Society-USA）。

根據國際組織聯合會（Union of international organization）的資料，一九五六年時，全球共有九百八十五家針對人道或環境問題（或兩者皆是）的非政府組織。到了一九九六年，這類組織數目已經增加到超過兩萬家。而且，這段期間它們的會員和合作機構也同時在擴張。拜網路廣告以及通訊便利之賜，現在此一趨勢又更強了。到了一九九〇年代末期，平均二十個美國人當中，就有一位是環保團體的付費會員，在丹麥，這個比例甚至更高。這些機構的理事會和顧問委員會，將科學家、公司高級主管、私人投資者、媒體明星、以及其他積極投入此項議題的民衆，全都結合起來。[13]

非政府組織的快速興起，反映在全球保育運動中大家公認的事實：生物絕種危機已經愈來愈危急了。在這場沒有退路的戰爭中，大家更希望嘗試新策略。那些能夠想出辦法的人，便成為領袖人物。一般說來，政府通常都態度猶疑，甚至可說是膽怯。政府有太多事要忙了，像是軍事國防問題、政治陰謀、以及能快速殘害大自然的經濟活動。一般人雖然關心環境，但是他們掛心的主要還是污染或氣候變遷。一般人雖然支持家鄉的保育，但是那些居住在富庶工業國家的老百姓，卻少有人關心開發中國家的生物多樣性，而後者才是破壞最嚴重的地區。若是要這些人交一點稅金，補貼秘魯或是越南的國家公園，大部分人還是覺得不可思議。

於是，國際性的非政府組織便填補進這個空缺，動用自己的資源，也爭取政府的資源。因此募款日益增加。雖說來自民間的會員與捐款，對環保團體的貢獻日益重要，但是其中大部分捐款，卻是由不成比例的極少數最富有的人、以及他們掌控的公司所贊助的。事實上，全球最富有的兩百大企業相當於一個王國，其掌握的資源等於全球最貧窮的八〇%人口的財富總和。而這些企業的老闆及大股東，在政經界位高權重，由於所受教育和眼界的關係，他們通常也比較可能瞭解全球保育的環境及人道議題。況且擔任非政府環保團體的領袖，也頗富吸引力，於是愈來愈多這類人士自願投入金錢與時間。⑭⑮

世界野生生物基金會

這類非政府環保團體當中，堪稱旗艦之一的世界野生生物基金會，正是同時受惠於一般會員以及私人大筆捐款。由於我在一九八四到九四年間，曾是該基金會的理事之一，因此對於它在募款及影響力上的驚人成長略有所知。在我擔任理事的那段期間，基金會的會員數目從大約十萬躍升為一百萬，之後由於競爭者增多使得贊助市場飽和，會員人數才維持穩定。此外，這段期間也是世界野生生物基金會、以及其他大型保育團體，在自我形象和行動方案上，雙雙快速演進的一段時期。

一九八〇年代早期，世界野生生物基金會把焦點擺在最具魅力的大型動物的交易買賣上，像是貓熊、犀牛、大型貓科動物、熊、老鷹、和其他容易辨識的大型動物，以及牠們生存所需的棲息地上頭。它的基本根據比較偏向美感方面，類似保護歷史古蹟或是風景景點般。然而，不久之後，基金會的視野有了一百八十度的大轉變。方向從最高點移到了最低點。現在，魅力動物所在的整個生態系都變成了焦點，裡頭通常還包含了數百種較不為人所知的瀕絕生物。然後，比較不知名的生態熱點也加了進來，即使該處缺乏一般人熟悉的大型動物，但只要這些熱點裡頭的瀕絕生物夠多就可以了。世界野生生物基金會始終沒有忘記原本的大客戶，諸如貓熊、老虎等。但是它的這場聖戰仍舊穩定拓展戰線，直到將所有受威脅的生物全都包括進來為止。

世界野生生物基金會的第二項改變是，與居住在目標生態系裡頭或是附近的民眾合作。除了單純的人道理由（這些地點的居民通常極為貧困），另外也是為了要保育生物多樣性。因為根據常識判斷，假如某個保留區是該地居民的食物或能量來源，那麼就沒有人能確保它不受侵犯了。如果用圍籬或是巡邏方式，把當地飢民檔在森林保留區外，而且最後也沒有工作讓居民做，這對他們將是殘酷的侮辱。

當世界銀行和世界自然基金會試圖終止中非雨林的砍伐時，喀麥隆記者比克拉（François Bikoro）就曾經這樣反應：「你們毀掉了自己的環境。現在你們想攔阻我們做同樣的事！我們可以得到什麼好處？你們現在有電視，有汽車，但是沒有樹木。我們的人民想知道，保育森林對他們有什麼好處！」針對這段話，世界自然基金會執行長馬丁（Claude Martin）以未來的遠景做回應：據估計，如果以現在的砍伐速度繼續下去，差不多到了二〇二〇年，這裡的大森林都會砍光，到時候就什麼工作機會都沒了，而砍伐後的土地通常都遭廢棄，該地的貧困也將更加嚴重。然而，當地的人民都有家小要養，看不到那麼遠，而且單純的保育政策也不能滿足他們的實際需求。⑯

修正目標與策略

於是，世界野生生物基金會以及其他組織又多了一個新目標：採取綜合性的策略，保育與發展雙管齊下，要將保留區轉變成經濟上的資產。要讓當地居民參與，要給他們動機去管理、保衛保留區。要訓練居民成爲嚮導以及當地野生生物專家。要說服當地政府，把保留區視爲國家的資產以及收入的來源。

在擬定全球策略時，世界野生生物基金會和其他非政府組織也察覺到，如果想搶救整個生態系，必須同時具備大量的相關科學知識才行。究竟哪些棲地既是生物多樣性最豐富、又是處境最危險的地方？最少需要多大的面積，才能讓這些生態系維持下去，才能應付外界的干擾和外來物種的衝擊？再來還要考慮保留區周遭的居民，也就是未來的保育同志。他們的政治及經濟狀況如何，他們的風俗、對環境的信念、特殊的要求又是如何？

世界野生生物基金會的做法是，自己建立一套研究計畫，並招募專家與該機構的地區管理者密切合作，以選擇並統合該地區的計畫。至於其他機構的行動方面：自然保育協會贊助「自然遺產計畫」（Natural Heritage Program），目標是登錄美國所有的動植物；後來，獨立的生物多樣性資訊協會（Association for Biodiversity Information）也打算登錄西半球所有可能瀕危的物種。國際保育協會則引進了「快速評估計畫」（Rapid Assessment Program），以加速探勘狀況不明的生態熱點以及野地。接下來登場的，則是生物多樣性應用科學中心（Center for Applied Biodiversity Science），負責支援內部研究，範圍從分類學和生態學，一路延伸到經濟學和人類學。該中心更史無前例的開始與學術界合作，不但進行資訊交流，還保留一半的經費贊助其他機構的研究。像這樣的結盟贊助，果然提升了保育科學的效率與信譽。

主要保育組織的行動

這些主要的保育組織幾乎都是在同一時期興起的，而且都成長飛快。到了一九九九年，美國本土六大環保團體的會員人數如下：[17]

世界野生生物基金會	一百二十萬人
自然保育協會	一百零二萬一千人
野生生物聯盟（National Wildlife Federation）	八十三萬五千人
山岳俱樂部（Sierra Club）	三十九萬兩千人
國家公園保育聯盟（National Parks Conservation Association）	三十九萬人
奧都邦學會（National Audubon Society）	三十八萬五千人

這六大組織，以及贊助者比較富有的國際保育協會，其年度運作預算約是五千萬到一億美元。公元兩千年三月，自然保育協會加大手筆，展開一場爲期三年、高達十億美元的募款活動，準備用來購買保留區。該組織的目標，設定在保育美國境內以及海外兩百處重要的天然區域，並改進已擁有的保留區的狀況。自然保育協會之所以敢這麼做，是有輝煌紀錄可循的：從一九九八到九九年，它以購買或是接受捐贈的方式，在美國境內共取得約三十六萬公頃、具有保育價值的土地，使得該組織在四十八年歷史中所取得的土地累積到四百六十五萬公頃，相當於瑞士全國的面積。⑱

二〇〇一年，國際保育協會接獲戈登暨貝蒂摩爾基金會（Gordon E. and Betty I. Moore Foundation）捐贈的五千二百八十萬美元，以進一步研究並擴增保育熱帶野地和熱點的能力。

世界野生生物基金會也提升了他們的募款層級，分量也與日俱增。一九九七年，巴西總統卡多索（Fernando Henrique Cardoso）要求世界野生生物基金會協助企畫並贊助該國一項計畫：將現存的亞馬遜公有地，廣達四千多萬公頃（占該地區一〇%面積）、比整個加州還大的一片土地，規畫成一系列共八十座公園。要永久維護這座公園系統，需要兩億七千萬美元。該區域將禁止伐木和採礦，狩獵和捕魚活動則限定只有原住民可以從事。這項計畫始於二〇〇一年，將於後續十年間陸續擴增，資金主要來自多項國際援助以及貸款。⑲

一九七〇年代，我曾和一小群科學家參與國際保育運動，他們包括艾利屈、洛夫喬伊、麥爾斯、雷文、以及夏勒⑳，當時由我們提供諮詢的非政府團體，扮演的角色基本上頗類似傳教士以及乞討者。這類機構到處宣揚世上動植物所面臨的困境：數量日益萎縮。他們列出許多瀕危物種，解說其特性，並借助IUCN的權威出版品紅皮書來增強說服力。早期的保育團體頂多只能募集到小額經費，都是東拼西湊得來的，而且通常是在搬出像貓熊、老虎這類魅力動物時，募款最爲成功。這些團體代表自然環境，面對社會的懷疑與冷漠，逆勢而爲。

我們好像辯護律師般，代表生物多樣性，在法庭中爲它們的生存權請命，要求讓它們居住在這個世界上。這種經驗，我發覺有些令人難堪。到現在我還是這麼覺得，尤其是在我們自己的土地上也需要這麼努力的時候。

搶救環境的方案

在早期國際保育人士眼中，自然環境以及物種的破壞幾乎不可能有終了的一天。當時（現在仍是）情況最嚴重的莫過於熱帶雨林的摧毀，因為地球上最多的動植物都居住在裡頭。自始至終，搶救生物多樣性行動最後的成敗關鍵，都落在這些森林上。一九七〇年代，也就是我們初次仔細環顧四周時，已有半數森林消失了，而且全球每年約砍伐掉一%到二%的森林。到了公元兩千年，這個數據看起來變小了，變成每年約損失一千三百七十公頃，以當時存在的森林總面積十四億公頃來說，算是略低於一%。然而，不要高興得太早，這個數字之所以會變小，部分原因在於可砍伐的林地愈來愈不易取得。印尼、西非和中非地區的部分熱帶雨林，仍舊加速消失。同樣承受重大壓力的森林地，還有中國西部以及喜馬拉雅山脈南邊的闊葉林和針葉林。一度青蔥翠綠的尼泊爾，如今已隨處可見光禿禿的山區。

進入一九九〇年代，全球的非政府環保團體都已成長茁壯，可以選定自己的行動方向，搶救森林以及其他受威脅的自然環境。這些組織加入政商圈子，與公司企業、政府領袖、以及國際借貸和援助機構並肩齊步，來推動它們的大型計畫。

非政府組織也變得愈來愈有創意。它們體認到，就憑現有的陸地及淺海保護區，要想拯救所有或者大部分的生物多樣性，還差得太遠了。同時它們也發現，世界上許多地區，尤其是生物多樣性最豐富的熱帶雨林國家，其實可以用相當低廉的成本擴大或增設保留區。環保團體立刻抓緊這樣的機會，與當地政府洽談如何發展兼顧環保與經濟利益的方案。

在這類最早提出的點子中，有一個是在一九八〇年代所提出的債券轉移「自然」交易（debt- for-nature swap）方案。這個點子簡單得出奇：募集資金以外匯折扣價收購某國的商業債務，或是遊說貸款銀行捐出債權。然後再將債款匯兌成該國的公債。上述步驟執行起來並不困難，因爲許多開發中國家都瀕臨無法履行債務的地步。最後，所得資金都用來推動環保，像是收購保留地、進行環保教育、以及改進現存保留區的狀況。到了一九九〇年代初期，已經完成了二十項這類協議，總金額達一億一千萬美元，地點包括玻利維亞、哥斯大黎加、多明尼加共和國、厄瓜多爾、墨西哥、馬達加斯加、尙比亞、菲律賓、以及波蘭等國。

保育租界

到了一九九〇年代晚期，千禧年將屆時，又跑出一系列新措施，爲全球保育開創了一場眞正的革命。其中最大創舉之一是保育租界（conservation concession），這樣做可以快速保留住大片熱帶雨林。套句生態經濟學家萊斯（Richard Rice）的話，這是「快速保育」㉑。所謂租界，是由政府同意簽下一塊土地的租約，准予進行某項特定活動。在從前，和開發中國家簽訂這類租約的，絕大多數都是伐木公司，而且多半是外國企業，目的只是爲了砍光樹木，以收取木材。木材砍伐產業看起來固若金湯，而且利潤驚人，因此各地的森林似乎都在劫難逃。結果證明並非如此。大部分熱帶雨林國家的伐木公司利潤都很薄，逼得他們只出得起每公頃幾塊美元的價錢。態度堅決的環保團體因而有機會擊敗他們。

公元兩千年，第一片保育租界由國際保育協會向圭亞那取得。圭亞那位於南美洲的北岸，是一個很小的國家，從前是英國殖民地。圭亞那最主要的資產，同時也是最傲人之處，就在於境內大部分仍維持原始狀態的熱帶雨林。國際保育協會先付了一筆兩萬美元的申請費，然後再以每年每公頃〇・〇六美元的價格，租借了該國東南角邊遠地區約八萬公頃的土地。此外，國際保育協會又多投下一筆經費，以便將該地設置爲自然保留區。租期是三年，這段期間雙方將繼續協商往後二十五年的租地費率。而居住在該地區的美洲印地安人，還是可以合法的繼續過他們的漁獵生活，以及數千年來都沒變的小規模農業。(22)

圭亞那從這項租約中，得到不少好處。至少這項租約賺到的錢，不會少於伐木租約，同時還可以保留美麗的天然景色。而且圭亞那政府也有時間從容尋找其他不具侵略性的賺錢方式，像是旅遊、探勘有用的植物產品、以及適量採收藥用植物原料，以便增加收入來源。保有完整的森林，它將來甚至有可能出售碳排放權。（這是「京都議定書」所做的一項安排，爲的是減少二氧化碳以及其他溫室氣體的排放量。）根據這項安排，貧窮國家可以單憑保留森林地而收取費用。

這項好的開始，令國際保育協會士氣大振，就在二〇〇一年初我撰寫本書時，他們開始和玻利維亞、巴西、秘魯、高棉、印尼、以及馬達加斯加，展開類似的協商。這些國家原則上也都同意比照圭亞那模式簽訂契約。

其他協商也同時在進行。在某些案例中，是以公開收購伐木權的方式，來達成保育目標。一九九八年，自然保育協會以每公頃〇・四美元的代價，向玻利維亞購得約六十五萬公頃林地，使得臨接的諾埃坎普（Noel Kempff Mercado）國家公園立刻加大一倍。一年後，國際保育協會再度以每公頃〇・三六美元價格，向玻利維亞購得大片林地伐木權，使得另一座馬迪迪（Madidi）國家公園面積增加了將近四萬五千公頃。㉓

就生態保育而言，上述兩項協定可以說是成就非凡。這兩座國家公園所包含的部分地區位於熱帶安地斯山脈，而這個區域是由委內瑞拉西部往哥倫比亞延伸，然後往南穿越厄瓜多爾、秘魯，再到玻利維亞，是由無數孤立的山脊和溪谷所組成。熱帶安地斯山脈所涵蓋的生態熱點，可能是世界上物種最豐富的地方，擁有四萬到五萬種植物，或者說全球一五％到一七％的植物種類，其中有兩萬種是當地獨有的。然而這裡也是情況最危急的地區。完好的林地只剩下約二五％，而且還在快速萎縮當中。

一九九八年，圭亞那隔鄰說荷語的國家蘇利南，得到一筆價值一百萬美元的私人捐贈，這筆錢是透過國際保育協會設置的海外信託基金，目的在幫助該國保育森林。於是，保護蘇利南中央自然保留區（Central Suriname Nature Reserve）的行動正式開跑，這片連綿四百萬英畝的地區，是全球面積最大、可能也是最原始的熱帶森林保護區。這筆信託基金現在是由該國政府正式成立蘇利南保育基金會（Suriname Conservation Foundation）來運作，同時還收到一些額外的援助，像是來自國際保育協會、聯合國協助成立的全球環境基金會（Global Environment Facility）、以及多國基金會（United Nations Foundation，由美國媒體大亨泰德特納私人贊助成立的機構）的捐款。蘇利南保育基金會的目標訂在募集一千五百萬美元；到了二〇〇一年，該目標已達成一半。雖然就一般國際援助標準來說，這筆錢並不算多，但是將來可望因爲進一步的捐獻、以及森林衍生的收入而成長。更重要的是，這樣做至少可以說服政府取消伐木租界，爲後代子孫保留完好的野地。㉔

生物學、經濟學以及政治外交之間的互動，已經形成了一種新事業。以下是國際保育協會會長米特邁爾（Russell A. Mittermeier，也就是蘇利南保育租界的發起人）的一段話（私下交換意見，日期是二〇〇一年五月十五日）：

蘇利南是世界上雨林占國土比率最高的國家。一九九〇年代中期，馬來西亞和印尼的伐木業集團發現，東南亞地區的林地已經不敷開發使用。於是有三家公司來到蘇利南，希望簽下三百萬公頃的伐木租界。爲了防堵這件事，我們強力發動國際媒體，同時國際保育協會的蘇利南計畫也籌辦了一些國內抗議活動，由蘇利南當地人負責執行。其中一塊十五萬公頃的伐木租界已完成協議，但是其他幾塊都暫時停擺。不過威脅並沒有解除，一九九七年中，有一項提案登場，如果通過，將危及瑞佛（Raleighvallen-Voltzberg）自然保留區北邊以及部分周邊的土地。這是該國境內最重要的保留區（也是我博士論文的研究地點，所以和我個人也有切身關係）。

於是我們便開始討論，是否可能同時保護這塊保留區，以及流經該保留區的原始河流柯本南河（Coppename River）的上游地帶。包利斯（Ian Bowles）和我檢查地圖，發現如果我們將瑞利華倫保留區往南延伸，涵蓋保護柯本南河上游，我們就會遇上另一塊保留區塔菲堡（Tafelberg）。這時，我們開始擴大野心，再往南邊看下去，又有另一塊更大的保留區，愛勒德漢（Eilerts de Haan Reserve）保留區。於是我們擬出好幾份計畫書，把它們通通串連起來，同時將柯本南河納入保護，最後完成一份涵蓋一百六十萬公頃土地的提案報告，面積比現存三個保留區的總和增加了四倍。我們原本還將保留區的範圍劃定得更南邊，但是後來我們與合作了十五年之久的印地安人協商時，他們說那片地是屬於他們的。

一九九八年一月，我與威登包許（Jules Wijdenbosch）總統以及自然資源部部長會面，和他們一同討論。這時，協會理事長彼得（Peter Seligmann）已奮力取得一百萬美元捐款的承諾，讓計畫能開始運作，使我能夠和政府當局展開初步議價的工作。我告訴他們，我們會先從一百萬美金開始，然後再尋求更多的資源。他們要求先看一看提案書。接下來的五個月，我們信件往返並簽下一份備忘錄。到了六月，政府終於準備好要和我們一起宣告這塊保留區的誕生。這件事，我們在紐約的一場記者會中完成，參加者包括協會理事之一，明星哈里遜福特，以及蘇利南方面的代表烏登豪特（Wim Udenhout），他是前蘇利南駐美大使，當時擔任蘇利南總統的顧問。全球環境基金會執行長愛爾艾胥瑞（Mohammed El-Ashry）也送來一封信函在記者會上朗讀，信中他承諾要支持我們的計畫。一個月後，也就是七月時，保留區終於正式宣告成立了。

接下來兩年，我們和全球環境基金會合作，最後確定它們的承諾，我們從多國基金會取得一百七十萬美元捐款，此外，我們還從古德曼基金會（Goldman Foundation）以及其他個人捐款得到額外的贊助。不只如此，我們還把這個保留區提報到聯合國教科文組織，申請世界遺產資格認定，同時並成立蘇利南保育基金會理事會，這是由蘇利南人幫這個海外信託基金所取的名字。一切都按照計畫如期進行，到了二〇〇〇年十一月，我們已經準備好要正式運作蘇利南保育基金會。而且更令人開心的是，就在蘇利南保育基金會首次開會那天，世界遺產委員會核准了我們的世界遺產資格申請。

就在這個當兒，蘇利南突然發生一件令人擔憂的事。和我們簽訂保留區協議的威登包許政府大選失利，由前一任總統維尼提安（Ronald Venetiaan）取代。我們很擔心他會對威登包許政府核可的協議持保留態度，所幸並沒有。當時已經擔任我們這項國際保育協會計畫主持人的烏登豪特大使，和新總統的關係也很親近。十一月時，他帶我一道去見新總統，而新總統也表示了支持的態度。所以，一切看來都相當順利。

我想，我們一定創下了蘇利南中央自然保留區的某些紀錄。一九九八年一月才開始研議，同年六月就宣布成立保留區，二〇〇〇年十一月，獲認定符合世界遺產資格，同樣在二〇〇〇年十一月，該信託基金會正式成立，初始資金爲八百萬美元。

蘇利南這項創舉，闡釋了自然保育三步驟中的最終步驟。第一個步驟，是設置個別的保留區。如今已有人致力於爭取在陸地和淺海區域（雖說理論上，應該也可以設置在大海中或是深海底），設置生物多樣性保留區。保留區的確是生態保育議題的基本核心，但通常只能算是後防保衛戰。因爲這些保留區除非一開始面積就很大，否則是抵擋不住人類活動以及外來物種入侵的。就算保護得再周全，個別保留區都彷彿是困坐在人類密集活動之海中央的孤島。在這些與其他天然環境相隔絕的孤島內，有些物種免不了終究會絕種。保留區面積愈小，物種滅絕率愈高。

因此，在一份設計完善的保育計畫中，合理的第二步驟便在於環境復原，藉由收回並復原周邊已開發的土地，來協助原保留區的天然棲地向外圍重新擴增，創造新的保留地，進而擴大保留區的總面積。

生態保育的最終步驟則是：由非政府環保組織從旁協助，設置能連結現有公園及保留區的大型生態走廊（corridor），以保護或者說重建野生世界。最早試行此一步驟的就是蘇利南。

眞正的野地保留區可以讓動植物相永久保持完整。它能庇護大型食肉動物，像是野狼、美洲虎、角雕等。在某些情況下，野地保留區也可能大到擴及整片大陸。這正是「野地計畫」（Wildlands Project）以及其他最有遠見的非政府環保團體的目標。要擴展到這般規模，需要更高層次的科技、贊助乃至於政治上的共識。它們將會成爲更細膩的區域經營管理的一部分，必須借助地理資訊系統（geographical information system）技術。這項技術現在已經頗爲成熟，能將棲息地和物種分布的數位化影像，套疊在地圖資訊、水文資料、人爲活動、農業用地、工業區、以及交通路線上頭，然後再將所得資訊供做設置保留區的決策參考，包括用於爭取設置野地走廊。

這樣大規模的計畫，並非不切實際的烏托邦理想。它們顯然是爲後代子孫擬定的保育主流。就西半球而言，它們可能會是一連串相接的廊道，從阿拉斯加殘留的天然地，一路延伸到玻利維亞。尤其是在北美洲，野地計畫已經提出子計畫，想設置一條廊道，從育空（Yukon）串連到黃石國家公園。另一條廊道是天空群島野地網（Sky Islands Wildlands Network），它能使新墨西哥州和亞歷桑納州境內仍維持野生狀態的高地，往南與墨西哥北部的高地連成一氣。第三條是阿帕拉契走廊（Appalachian corridor），這條走廊能將多多少少相連的森林地區由賓州西部接到肯塔基州東部。對於美國以及世界其他地區來說，設置大規模野地走廊計畫的時機就是現在，因爲機會之門關閉的速度已經愈來愈快了。

鎖定目標——開發中國家

在推動大規模保育運動的這三個步驟時，前景最光明、租地和捐款也最有希望的地點，莫過於野地寬廣、但人口稀少的開發中國家。譬如說，蘇利南面積大約和紐約州相彷，但是人口（在一九九七年）只有四十二萬五千人，而且九○%都居住在沿海地區，其中半數集中在首都巴拉馬力波（Paramaribo）及周邊地區。按照國際貿易的評斷標準，保育租界和捐款除了能嘉惠該國以及全世界的環境保育外，還能爲該國帶來立即、長程的經濟效益。

同樣的評量方式也適用於其他地區，但是變數較多。在人口密集國家，土地開發的競爭若是極爲激烈，土地價格必然陡升，在這種情況下，非政府組織團體發現，他們比較難與私人開發者競爭。但是，如果有經費贊助、大衆支持、再加上運作得當，事情還是有可爲。取得天然土地最有效的方法之一，就是直接向願意看到自己的土地保持完整的地主購買或要求捐贈。最善於運用這種方法的團體，首推自然保育協會。當然，他們也是全球第一流的非政府組織保留區策畫者。㉖

我個人曾經在一九六八年，和該協會有過美好的合作經驗。當時的我，夾在一群年輕科學家中間，與當時還算相當年輕的自然保育協會，以及佛羅里達州當局一同爭取里格努維他島（Lignumvitae Key，位於佛羅里達群島中央一帶）。這座小島擁有全美國最古老的西印度群島低地森林，而且後來發現，即使在整個西印度群島當中，它的低地森林幾乎也是最古老的。里格努維他島屬於私人產業，當時正要出售。這件案例正好充分顯示出美國土地財產分布的狀況，而這也是自然保育協會成功的一大主因：一九七八年，擁有全美四億零五百萬公頃私有土地當中任何一部分的三千四百萬人中，地產最多的前五%的人（或者說不到全美人口一%的人數），擁有全國四分之三的私有土地。目前，美國的地產分布狀況應該還是老樣子。因此，由美國富人出售或是捐贈大筆天然土地的機會，就變得相當大了。所以啦，要將天然地設置爲保留區，通常不必經過許多零零碎碎的談判。㉗

自然保育協會的最近幾樁交易當中，最戲劇性的一次，是在二〇〇〇年十一月，地點爲美屬太平洋島嶼之一的帕邁拉（Palmyra），同時，它也是有史以來、赤道上人類從未居住過的兩個環礁島嶼之一。帕邁拉是由兩百七十五公頃的島嶼、加上約六千公頃的原始環礁所構成，結果雙方同意以三千七百萬美元成交。㉘

差不多在同個時期，自然保育協會也幫忙購地，協助在墨西哥中北部赤瓦瓦（Chihuahuan）沙漠的瓜特賽內加（Cuatro Cinegas）設置保留區。該地是罕有的沙漠泉池（spring-fed desert pool）地區以及濕地，由於完全與外界隔絕，裡面蘊藏有許多獨特的植物、無脊椎動物、爬蟲類以及魚類。

其他組織也抓住這波機會，展開類似的行動。國際保育協會接到來自常務理事、也是英特爾創辦人之一摩爾（Gordon Moore）的一筆捐款，最近也在 Pantanal 買了一大塊地。

這片像是大沼澤地的濕地，位於巴西、巴拉圭、以及玻利維亞的邊界間，是全世界最大的一片熱帶濕地。類似的購地機會，在拉丁美洲大部分地區都前景看好，和美國一樣，許多大面積土地都是由相對極少數的富人所擁有。當私有土地買賣缺乏利潤時，建立保留區會更加容易。就拿 Pantanal 來說，該地長期以來都是依賴非沖積高原上的養牛場，做爲主要的外貿收入。但是，當更靠近巴西肉品處理中心以及肉品市場的牛隻飼育場、牧場愈開愈多時，競爭變得激烈起來，利潤也因此下跌。如今，將這塊地變成保留區，利潤還更高呢。現在它靠著生態旅遊，每公頃的進帳已經超過鄰近的牧牛場。

在地價低廉的哥斯大黎加，私有自然保留區已經變得很常見。這些保留區多半位於雨林內，由非政府環保團體所設立，或是由該國境內日漸興旺的生態旅遊企業成立。旅遊業漸漸變成該國最主要的外來收益，甚至超過該國之前最重要的香蕉出口收入。㉙

非政府組織的優勢

身爲保育運動的私人代表，非政府組織和政府機構有諸多不同點，前者具有較多屬於商業機構的優點。首先，它們做事比政府機構更爲目標導向，比較不官僚，勇於對不支薪的理事會負責，而且職員得接受經常性的考核，以確保其工作品質與創造力。他們是機會主義者，作風也是比較豪放的。此外，他們使用的語言和商業界也比較接近。在爭取具環保價值的土地時，非政府組織的策畫者會先分析「關鍵人士」的需求，包括當地人、政府官員、經費贊助者、潛在的旅客及可銷售商品的消費者。他們經常和當地非政府環保團體、地方機關以及慈善團體「結盟」。然後，他們「善用」這些結盟關係，來增加計畫的贊助捐款或是宣揚保育倫理。其中最有效率的結盟，莫過於以下雙方之間的交叉組合，其中一方包括世界銀行、全球環境基金會、聯合國等；另一方則有世界保育聯盟（World Conservation Union）、以美國為主的世界野生生物基金會、以及國際性的世界自然基金會。和大企業不同的是，全球性的非政府環保組織會儘量避免涉入各地區政府的政策或是政治主張。他們的焦點集中在他們存在的唯一動機上：保護生物的多樣性。㉚

有一種情勢對於全球性非政府環保組織頗為有利，那就是——通常擁有最豐富多樣性的開發中國家，多半也最需要經濟援助。結果，在那兒推動環境保護，往往可以花小錢做大事，而且讓各方人馬皆大歡喜。非政府組織之所以扮演前鋒角色，也是迫不得已，因為富有的工業國家政府死氣沈沈，而一般國民對於遙遠窮困地區的動植物，也是漠不關心。這種情況在開發中國家也是一樣，他們也不認為有必要將國內已經稀少得可憐的資源，投入天然環境保護，不論這件事最終多麼有價值。

政府應負的責任

然而，北半球與南半球國家的政府最後終得從非政府組織肩上，接下這副沈重的擔子。近日一項研究顯示，要維護一組具代表性的地球生態系（從陸地到海洋，從南極至北極），至少需投下兩百八十億美元。差不多數額的經費，如果投資於物種最豐富的區域，尤其是熱帶地區，可以完成極有效益的物種層級保育（species-level conservation）。在公元兩千年由國際保育協會籌畫的「爲大自然而戰」（Defying Nature's End）會議上，專家估計，想要維護一處面積約爲兩百萬平方公里、目前已經是保護區（至少名義上如此）的熱帶森林中的生物多樣性、以及當地人的生計，加上購地經費以及管理費用，至少需要四十億美元。單單這一項投資，就可以造就出一條環繞赤道、永久的野生地帶，面積也足以支撐地球上生物多樣性的重要部分，包括諸多最大型、最搶眼的動物，例如美洲虎和大猩猩。㉛

從另一方面看，生態熱點雖然僅占不到二%的陸地面積，卻孕育了地球近半數的動植物，是焦點比較集中的地區，但也是比較難執行保育的目標。生態熱點的面積已嚴重流失，而且常常都爲稠密人口包圍，因此無論是購地或維護，費用都比較昂貴。據估計，要想永久維持一塊廣約八十萬平方公里的保護區，外加購置一塊四十萬平方公里、尚未保護的土地，並永久維持下去，需要大約兩百四十億美元。不過，藉由締結條約、租約、或是保留區的低度開發利用，這類投資還是有可能吸引當地政府。

熱帶野生地區、加上陸地及淺海中最重要也最危急的熱點，總共涵蓋了地表七〇%的動植物物種，而這些只需要一筆數額約爲三百億美元的投資，便可以搶救起來。如果有人覺得這不是一筆小數目，別忘了，那只是每年全球國民生產毛額總和的千分之一。要不然，還可以這樣想，這筆錢也相當於地球天然生態系每年提供的免費服務價值的千分之一。

就拿二〇〇〇年來說，全年度政府及私人投資於維護地球天然生態系的總金額，只有約六十億美元。目前也沒有跡象顯示，非政府環保團體有辦法募得足夠的經費，來永久維護這些瀕臨危險、生物多樣性特豐的生態系。因此，非政府環保團體當下所扮演的角色，比較是負責緊急任務、釐清問題、以及運用已取得的資源來規畫適當的地區保育行動。

部分政府資金可以從不當的國家補助款項中釋出，這些錢常用於補貼國家不需要，而且整體而言，甚至還有害於環境的個別產業。有一個最明顯的例子是：全球的海洋漁業成本約爲一千億美元，但是總漁獲在市場上只能賣得約八百億美元，其間價差都由政府來補貼。就經濟和環境的平衡尺度而言，消費者從漁獲中得到的利益，其實不敵它們的成本。目前所有重大捕魚海域之所以會入不敷出，政府補助也是原因之一。某些價值最高的海洋生物，例如北大西洋的鱈魚，已經遭捕殺到接近商業絕種的程度。（所謂商業絕種，指的是以該種魚類爲基礎的產業要不是破產倒閉，就是必須轉換魚種才能存活。）畜牧業和礦業也是如此，經常因爲錯誤的補助而受益。例如在德國，政府補助煤礦產業的經費是如此之高，即使把煤礦場都關閉掉，把工人遣回家坐領乾薪，對國家經濟還划算得多。

一九九八年，牛津大學的麥爾斯和肯特（Jennifer Kent）發表了一份分析報告，指出全世界政府補助農業的總金額約在三千九百億到五千億美元，補助石化燃料及核能的費用約爲一千一百億美元，水資源補助則在二千二百億美元左右。上述這些費用再加上其他產業補助經費，總和超過兩兆美元，其中大部分項目都是既無益於經濟、又有害於政府的。平均每個美國人一年要支付約兩千美元的補助費，然後換得一個美麗的謊言：以爲美國經濟是在完全自由競爭的市場上運作。另外一項由天然環境所支付的代價，則是人類掏空與消費的重擔，這個代價很難估計，但絕對相當沈重。㉜

國際環保事務

除了經濟政策外，關於全球環境保護的條約，也應該由政府來負責。「蒙特婁議定書」便致力於減少、進而完全消除氟氯碳化合物（CFC）的過量排放，因爲這種氣體會使得位於大氣上層、具有保護地球功能的臭氧層變薄。另外，如果「京都議定書」能完全履行的話，二氧化碳以及其他能造成全球氣候暖化失控的溫室氣體，其排放量將可望趨緩。不幸的是，在我撰寫本書的二〇〇一年，這個期望如同貓熊的處境般危急。

比較不著名的則是保護生物多樣性的國際條約。「瀕臨絕種野生動植物國際貿易公約」（或稱華盛頓公約）當中，便明文禁止商業輸出稀有動植物的活體或是部分組織。列入保護的項目多達數百件，從稀有的仙人掌、鸚鵡，到象牙、虎骨。這項始於一九七三年的公約，已經有效減少了稀有物種的開採利用，但是距離完善保護還差得遠。一九八三年實施的「遷徙物種公約」（Convention on Migratory Species），則保護了瀕危的遷徙性動物，包括每年遷移季節會固定飛越國界的西伯利亞鶴和歐洲蝙蝠。

然而，在所有國際性環保條約中，最受歡迎的還是「生物多樣性公約」，這是在一九九二年於里約熱內盧舉行的地球高峰會上制定的，如今已獲一百七十八個國家承認。條款中要求進行國家級的動植物調查、設立公園及保留區、還有評估並保護瀕危物種。㉝

由政府掌控的締約權，也可以用來將爭議性領土規劃爲國際和平公園。正如刀劍可以重鑄成犁頭，戰場也可以變身爲自然保留區。適合這麼做的地點當中，最重要、也最富潛力的，莫過於南北韓之間的非軍事區（demilitarized zone, DMZ）。自從一九五三年韓戰結束，雙方簽訂停火協定後，這個區域就一直是塊無人地帶，是一條沒有人煙、長兩百四十公里、寬約三點九公里、穿越朝鮮半島的帶狀走廊區域。它可以在不花費一毛錢的情況下，規劃成未來兩韓統一後，境內最大、最好的野生生物避難所。半個世紀不受打擾的森林，覆蓋在起伏的山巒上。曾有人看過豹子出沒，可能還有老虎。關於規劃成公園的點子，最早是由韓裔美人金基中（Ke Chung Kim）所提出的，而後經非軍事區論壇（DMZ Forum）大力宣揚，這個單位是一個非政府組織，目標只有一個，那就是致力推動該保留區的設置。㉞

美國的「瀕絕物種法案」

要估計一個國家保育倫理的強度，可以從它保護生物多樣性的法規的智慧及效率來評斷。不容否認的，美國史上最重要的保育法規爲「瀕絕物種法案」（Endangered Species Act）。這條法案於一九七三年通過，當時它在衆議院的投票結果爲三百九十票贊成，十二票反對，在參議院則是以九十二對零票一致通過，然後由尼克森總統簽署，是一場空前的大勝利。所有瀕危的動植物全都榜上有名。在那之前，受保護的動物只限於脊椎動物、軟體動物、以及甲殼類。如今，在該法案保護下，田納西紫錐菊、聖拉非爾仙人掌、帕洛斯弗德斯藍蝶、以及美國埋葬蟲，全都加入佛羅里達山豹、金頰林鶯的陣容，受到美國人民的法定保護。而且在某些鳥類、哺乳類、及其他脊椎動物的特例中，納入保護傘的不只是物種，還包括局部地區的族群。（但是無脊椎動物和植物仍然不在保護範圍內。）最後，不只是瀕絕的物種和族群受到保護，連受威脅的物種也納入保護了。[35]

打從一開始，「瀕絕物種法案」就飽受欣賞者的讚美、批評者的詆毀、以及國會的修改。其中最重大的一次改變，是在一九八二年制定的「棲地保育計畫」（Habitat Conservation Plan）條款。這項修正條款允許地主能「附帶開採」（incidental take）受保護的動植物。換句話說，就是允許地主在經營合法事業的非蓄意情況下，可傷害受保護物種，只要整體來說，他們的活動有助於該物種即可。

其中一個案例是國際紙業公司，該公司與代表紅冠啄木鳥的美國內政部（瀕絕物種法案的主管單位），達成一項協議。這種產於美國南部森林的鳥類，專門在巨大的松樹上築巢，因此當巨松遭大量砍伐時，牠們的數量也跟著銳減，已經瀕臨絕種的程度。協議中，國際紙業公司同意要在他們持有的林地內，劃出一塊保留區，並增加該物種的築巢地點，以換取在可能影響紅冠啄木鳥的其他林地上繼續伐木的權力。

雖說「瀕絕物種法案」只是一項基本的生物多樣性保護法，但這些年來卻一直受到密切的注意。正如所有保育生物學家所預測的，這條法案的成效好壞參半。一方面，它曾獲得相當戲劇性的成果。像是美國短吻鱷、灰鯨、白頭海雕、游隼以及美東地區的棕鵜鶘族群，數量全都增加了，要不是已經從危險名單上除名，便是即將達到除名的標準。然而另一方面，有些動物，包括海濱黑麻雀以及馬里蘭鵜在內，數量都下跌到接近絕種的地步。根據最近一次於一九九五年所做的評估，美國漁業暨野生生物處（內政部轄下負責總責「瀕絕物種法案」的單位）結論道，法案所列的物種當中，情況改善的不到一〇%，然而情況變差的，卻有四〇%。至於另外的五〇%，要不是狀態穩定，就是情況不明。

樂見該法案失敗的批評者，將它的不完美紀錄，說成是一大失敗。如果這叫做失敗的話，那麼他們應該也要將醫院急診室評定爲失敗才對，因爲在裡面斷氣的病患數目總是超過健康出院的人。然而他們頂好還是幫美國自然保留區要求更多贊助以及專業關照，因爲社會大眾永遠是支持急診室這一方的。

批評者還說，即使搶救回這些物種，還是不划算，因爲這些行動會妨礙到美國經濟發展。這話眞是大錯特錯。「瀕絕物種法案」頂多只會修正美國經濟發展，造成方向上的改動而已。相反的，它通常能藉由重新創造機會以及其他舒適條件，而加強地產的價值。譬如說，開發者或是輕工業會偏好坐落在什麼樣的地點上，他們會想與一大片蒼蒼鬱鬱的針樅林爲伍，還是想和一片破敗的針樅殘株爲鄰？

在所有案例中，環保完全阻礙到經濟發展的，幾乎是絕無僅有。從一九八七到九二年間，由聯邦政府進行跨部門評估的九萬八千二百三十七件開發申請案件中，因爲牴觸到「瀕絕物種法案」而停擺的開發案只有五十五件。影響如此輕微的原因之一，在於瀕危物種多半集中分布在熱點中，像是夏威夷雨林，或是佛羅里達州中部拉克威爾斯山脈（Lake Wales Sand Ridge）的灌木林地。少有瀕危物種被發現位於美國廣大的農業帶以及畜牧地上，然而反對「瀕絕物種法案」的人士中，許多人都來自這些地區。

源自人民的力量

在民主社會裡，政府以及非政府組織最終是否能夠享有權力，其實要由人民的道德與需求來決定。他們可以決定需要設置更多或是更少的保留區，也有權決定特定物種的生死。而這也是爲什麼我個人對於投入保育運動的非政府組織的快速崛起，感到十分鼓舞。人們因地制宜、展開行動的能力，愈來愈強，例如從保護某地區河岸邊的林地或是某種瀕危青蛙，到支持雨林野地保留區、乃至締結國際條約等。

另外，我們也有理由相信，生物多樣性的研究以及對它們的關切，未來將是正規教育裡愈來愈重要的焦點，從幼稚園到小學、中學、乃至大學以上教育，都將會如此。與其把科學表現得像是失控的毀滅性力量，不如把它形容成所有生物的朋友，就推廣科學教育而言，還有比這種做法更理想的嗎？

即使可能被譏評爲政治正確，我還是要在本書結束前，讚賞一下這些反對團體。他們像一群憤怒的蜜蜂，群集在世界貿易組織、世界銀行、以及世界經濟論壇的門口。他們杯葛所有不夠環保的連鎖餐廳。他們圍堵木材運輸路線。被他們瞄準的企業總裁和董事的回應是，這些傢伙是幹嘛的？他們到底想要什麼？這些問題的答案很簡單。這是一群自覺被幕後掌權者排除在會議桌外的人，而且他們不信任那些暗中擬定、但又會影響他們生活的決策。他們有他們的道理。由於大企業老闆以及董事會，靠著政府領導人在背後撐腰，心中想望的是不斷擴充資本主義經濟，其地位有如工業化世界的統帥。就像古時候的王子，這些大老闆可以（至少在經濟領域可以）隨心所欲的統治。抗議者要說的是：你們可以作主，我們這些所謂的其他人應該也可以。

抗議團體是自然經濟的早期警報系統。他們是這個活生生的世界的免疫反應。他們要求我們傾聽。就拿那名年輕的女孩朱莉亞（**Julia Butterfly Hill**）來說，她爲了要搶救巨杉，居住在加州一棵高達五十五公尺的巨杉上長達兩年（從一九九七年十二月，到一九九九年十二月），她只是想要表達她的意見，並改變一些人的觀念而已。她的主張很簡單：砍倒這群古老的巨樹是不道德的，不管它們是不是爲你所擁有。她輸了。她只從太平洋木業麥克森公司手中，搶救回她自己居住的那棵樹，以及周遭的一點二公頃土地。但是，現在還有多少人記得她的名字，以及她所居住的那棵樹的名字（Luna）？另外，又有幾個人記得在那個權力的小圈圈內，下令繼續伐木的公司主管的名字？

當然，有些反對團體的少數行動帶有暴力色彩。例如那些攻擊警察、焚燒建築物、或是在標記將要砍伐的樹幹上刺入長釘的人，的確應該處罰，應該關到監獄裡。但是絕大多數示威者，那些身著烏龜戲服和遊民服裝、大聲吶喊的正直的抗議者，只是在爲大自然、爲窮人爭取同樣的時間。我要祝福他們。他們的智慧，比他們的吶喊以及跺腳聲來得深沈，也比許多他們所對抗的權力掮客來得深沈。多虧他們對於重要議題不斷大聲疾呼，加上媒體的推波助瀾，否則這些議題是不會讓人注意到的。就算他們都是左翼份子，他們年輕的朝氣，也可以平衡、調和一下保守派思想的懷疑論調。

我曾指出，新世紀的中心問題在於，如何在儘可能保存其他生物的情況下，提升全球窮人的生活水準。貧困的窮人和正在消逝的生物多樣性，都集中在開發中國家。目前，全世界約有八億人口生活在貧窮當中，缺乏衛生設施、乾淨用水、以及適當的食物。處在一個蹂躪近盡的環境中，他們沒有多少發展機會。相對的，蘊含最豐富生物多樣性的當地自然環境，也無法承擔無處可去、渴求土地的人們所帶來的壓力。

我希望我的信念是正確的（許多智者也都和我看法一致），那就是這個問題終究會解決。足夠的資源還是存在的。握有那些資源的人，有太多理由要完成這個目標，就算是爲了他們自身的安全著想。然而，最後決定成敗的，還是在於一項倫理道德上的決定，而後代將如何評斷我們這一代的人，就要看它了。我深信我們會做出明智的抉擇。一個能擬想到上帝、而且嚮往太空殖民的地球文明，一定也想得出辦法來搶救這個星球的原貌，以及其中所蘊含的繽紛生命。

【注釋】

①原注：窮國與富國的收入差異，取材自聯合國出版的 *Human Development Report 1999*，Fouad Ajami 也曾在 *Foreign Policy* 119: 30-34 (Summer 2000) 中討論過。這項差異所造成的影響，請參考下列資料：Geoffrey D. Dabelko, *Wilson Quarterly* 23 (4): 14-19 (Autumn 1999); and Thomas F. Homer-Dixon, *Environment, Scarcity, and Violence* (Princeton: Princeton U. Press, 1999) and *The Ingenuity Gap* (New York: Knopf, 2000)。

②原注：窮國與富國的消費差異，請參考：William E. Rees and Mathis Wackernagel, AnnMari Jansson et al., eds, *Investing in Natural Capital: The Ecological Economics Approach to Sustainability* (Washington, DC: Island Press, 1994), pp. 362-90。關於四個地球才夠消耗的說法，得自我私下

和Mathis Wackernagel交換意見 (24 January 2000)(Redefining Progress, One Kearny St., San Francisco, CA)：另請參考本書第二章對於生態足跡概念的解釋。

③譯注：一九七〇年代後期，美國發生一場山艾樹反抗（Sagebrush Rebellion）抗議活動，參與者爲西部的農場、牧場、木業、礦業、石油與天然氣的經營者，要求將屬於聯邦政府的公有土地釋出，以供開發利用，因此山艾樹反抗者（sagebrush rebel）成爲反環保份子的代稱。

④原注：美國人對於大自然的看法和價值觀調查，執行者爲貝爾登和羅素尼洛暨研究／策略／管理 (Belden & Russonello and Research/Strategy/Management) 研究公司，委託者爲代表生物多樣性諮詢組織的交流協會媒體中心（ＣＣＭＣ），後來並寫成報告發表："Human Values and Nature's Future: American Attitudes on Biological Diversity" (October 1996)。承蒙ＣＣＭＣ准予本書採用此一數據。

⑤原注：關於基督教和猶太教的環境行動組織資料，取材自幾位組織領袖的訪談紀錄：Caryle Murphy, *Washington Post*, pp. A1-6 (3 February 1998); and Michael Paulson, *Boston Globe*, p. B3 (14 October 2000)。保育與信仰之間的關係取材自：Libby Bassett, John T. Brinkman, and Kusimita P. Pedersen, eds., *Earth and Faith: A Book of Reflection for Action* (New York: United Nations Environment Program, 2000)。珍妮賽・雷警告伐木業者不要觸怒上帝的文字，取材自：*Ecology of A Cracker Childhood* (Minneapolis, MN: Milkweed Editions, 1999)。

⑥原注：「森林保育宗教運動」組織的原則聲明，取材自：Fred Krueger, *Religion and the Forests* 1 (1): 2 (Spring 2000)。

⑦譯注：聖阿奎奈（Saint Thomas Aquinas, 1225-1274），義大利神學家、自然哲學家，著有《神學全集》（*Summa Theologiae*）。

⑧原注：生物學家和環境科學家曾經就如何兼顧農業、林業和一般經濟發展，同時保育生物多樣性，提出許多特殊建議，很多都已納入我先前的著作中：*The Diversity of Life* (Cambridge, MA: Belknap Press of Harvard U. Press, 1992; paperback, with college textbook addendum by Dan L. Perlman and Glenn Adelson, New York: W. W. Norton, 1993) ——前者的中譯本為《繽紛的生命》，金恆鑣譯（天下文化）。同樣列為標準保育教科書以及行動指南的還包括：John F. Ahearne, H. Guyford Stever et al., *Linking Science and Technology to Society's Environmental Goals* (Washington, DC: National Academy Press, 1996); William J. Sutherland, ed., *Conservation Science and Action* (Malden, MA: Blackwell Science, 1998); W. L. Sutherland, *The Conservation Handbook: Research, Management and Policy* (Malden, MA: Blackwell Science, 2000); Michael E. Soulé and John Terborgh, eds., *Continental Conservation: Scientific Foundations of Regional Reserve Networks* (Washington, DC: Island Press, 1999); Donald Kennedy and John A. Riggs, eds., *U.S. Policy and the Global Environment: Memos to the President* (Washington, DC: The Aspen Institute, 2000); and Peter H. Raven, ed., *Nature and Human Society: The Quest for a Sustainable World* (Washington, DC: National Academy Press, 2000)。關於人口壓力及作物生產量日增對環境造成的壓力，請參考下列評論：David Tilman, *Proceedings of the National Academy of Sciences, USA* 96: 5995-6000 (1999)。

⑨原注：地球上二十五個陸地熱點名單，最早是由麥爾斯提出，後來再經過詳細界定（*Nature* 403: 853-8, 2000），界定者包括麥爾斯本人、米特邁爾、Gustavo Fonseca 以及國際保育協會的其他成員。二十五個熱點如下：熱帶安地斯山、Mesoamerica（從墨西哥南部到哥斯大黎加）、加勒比海島嶼、巴西大西洋岸森林、巴拿馬以及哥倫比亞的Chocó到厄瓜多爾西部、巴西的大草原、智利中部、加州的Floristic省（海岸地中海型灌木區）、馬達加斯加、坦尚尼亞以及肯亞的東部山區和海岸森林、西非森林區、南非的Cape Floristic省、南非的多肉植物高原、地中海周邊、高加索地區、巽他群島（印尼大島及周邊大陸棚島嶼）、華萊士區（印尼的小巽他群島，從龍目島到帝汶島）、菲律賓、印度至緬甸一帶（Indo-Burma）、中國中南部、斯里蘭卡以及印度的西高止山、澳洲西南部（地中海型氣候灌木區）、新喀里多尼亞、紐西蘭、玻里尼西亞和密克羅尼西亞。上述每個區域都被視爲熱點，不論是局部或全部。關於這些地區的美麗圖繪，請參考：Russell A. Mittermeier, Norman Myers et al., *Hotspots: Earth's Biologically Richest and Most Endangered Terrestrial Ecoregions* (Mexico City: CEMEX, Conservation International, 1999)。世界野生生物基金會的人員曾經獨立界定出公元兩千年的全球生態熱點，涵蓋了陸地及海洋環境，其中的熱點位置標示得更清楚。相關的數據資料和建議的保育事項全都詳列在該基金會的年度報告以及附帶出版品中(www.worldwildlife.org)。國際保育協會和世界野生生物基金會各自界定的陸地熱點，八〇%以上重疊。

⑩原注：關於咖啡附加稅的點子，我要謝謝 Daniel H. Janzen。

⑪原注：關於政府保育機構、非政府保育組織以及北美地區的自然保留區，詳細資料請參考：

Conservation Directory（每年修訂），出版者爲野生生物聯盟（http://www.nwf.org/nwf）。

⑫原注：「世界野生生物基金會美國分會」（World Wildlife Fund-U.S.）的名稱，係來自「世界野生生物基金會國際總會」（World Wildlife Fund-International），後者的總部設在瑞士的格蘭得（Gland）。後來，當後者改名爲「世界自然基金會」（World Wide Fund for Nature）時，美國這個分支機構就接收了「世界野生生物基金會」（World Wildlife Fund）的名稱，不再另外注明國別。結果卻造成分辨上的困擾：兩家機構都沿用WWF的縮寫名稱（很不幸也和世界摔角協會的縮寫相同），而且兩者也都保留舊日的大貓熊標誌。世界野生生物基金會目前仍然是世界自然基金會的分支機構，而且是最大的一個。世界自然基金會旗下的各國分支共聘用了超過三千名員工，而且總收入也超過三億美元。

⑬原注：人道以及環保性質的非政府組織數量日益增加，相關資料係取材自：*Yearbook of International Organizations 1996-1997* (Munich: K. G. Saur Verlag, 1997)。此外也引用一份資訊科技與環境研究分析報告：Molly O'Meara, *State of the World 2000* (New York: Norton/Worldwatch Books, 2000)。

⑭原注：關於參與環保團體的人口比率資料，係參考：Norman Myers, *BioScience* 49 (10): 834-5, 837 (October 1999)。

⑮原注：全球最大企業的資產，係參考：Paul Hawken, *World*・*Watch 13* (4): 36 (2000)。

⑯原注：喀麥隆記者與世界自然基金會執行長，對於在非洲森林區伐木的對比觀點，取材自：*Economist*, 351: 54-5 (26 Jane 1999)。

⑰原注：有關世界主要幾個環保團體的會員數，取材自自然保育協會（www.tnc.org）於一九九九年印行的小冊子：*Marketing as a Conservation Strategy*。對於世界野生生物基金會的評估，資料來自與該基金會成員 Kathryn S. Fuller 和 James P. Leape 私下交換意見。

⑱原注：自然保育協會的十億美元保育經費募款活動，係由其會長所發布：John C. Sawhill, *Nature Conservancy*, p. 5 (May/June 2000)；此外也見於《紐約時報》的頭條社論 (17 March 2000)。該募款活動的購地計畫，是以該協會長久以來的「自然遺產計畫」爲基礎，最近經改組，成爲獨立的「生物多樣性資訊協會」的一部分。其中有些數據總結刊登在：*Precious Heritage: The Status of Biodiversity in the United States*, edited by Bruce A. Stein, Lynn S. Kutner, and Jonathan S. Adams (New York: Oxford U. Press, 2000)。

⑲原注：世界野生生物基金會在亞馬遜公園設置上所扮演的角色，請參考：Lesley Alderman, Barron's National Business and Financial Weekly, pp. 22-3 (18 December 2000)。

⑳譯注：艾利屈（Paul R. Ehrlich, 1932-），美國史丹福大學生物學家，美國國家科學院院士，克拉福德獎（Crafoord Prize）得主。

洛夫喬伊（Thomas E. Lovejoy, 1941-），南美洲鳥類學家，著名保育學家。

麥爾斯（Norman Myers），見第三章注⑯。

雷文（Peter Raven），密蘇里植物園園長，熱帶雨林保育先鋒。

夏勒（George B. Schaller, 1933-），美國動物學家，曾從事多項野生動物研究，對象包括中國的貓熊、非洲的大猩猩和獅子等。

㉑原注：保育租界有如「快速保育」(warp-speed conservation)，來自與 Richard Rice 私下交換意見。

㉒原注：關於國際保育協會參與購買圭亞那森林租界，請參考：*Global Environmental Change Report*, 12 (19): 1-2 (2000); and Reed Abelson, *New York Times*, Business World (24 September 2000)。此外，我也參考了國際保育協會提供的新聞稿和內部報告 (http://www.conservation.org)。

㉓原注：自然保育協會和國際保育協會於玻利維亞購買伐木權，以增加諾埃坎普和馬迪迪國家公園的面積，請參考：R. E. Gullison, R. E. Rice, and A. G. Blundell, *Nature* 404: 923-4 (2000)。

㉔原注：關於蘇利南保育基金會設立信託基金來支持該國森林保育，主要是根據國際保育協會的新聞稿以及內部報告 (http://www.conservation.org)。另參考一本小冊子 *The Central Suriname Nature Reserve* (2000)，以及國際保育協會會長米特邁爾個人的談話。

㉔原注：「野地計畫」的資料取材自：Michael E. Souleand John Terborgh, *BioScience* 49 (10): 809-17 (1999); David Foreman, *Denver University Law Review* 76 (2): 535-55 (1999); Jocelyn Kaiser, *Science* 289: 2259 (2000)。另參考專門解釋野地概念、內容最詳盡的特刊 *Wild Earth* (10:1, 2000)。

㉖原注：自然保育協會取得保留區土地的資料，取材自該機構內部備忘錄，作者爲協會會長 John C. Sawhill (26 October 1999)。

㉗原注：關於私有土地擁有者的估計，資料來自與愛達荷大學的 J. Michael Scott 私下交換意見 (28 June 1999)。他的部分估算根據：James A. Lewis, *Landownership in the United States in 1978* (Agriculture Information Bulletin No. 435) (Washington, DC: U.S. Department of Agriculture,

1980)。美國前一百大地主資料取自：*Worth*, pp. 78-89 (February 1997)。

㉘原注：自然保育協會以三千七百萬美元購得太平洋島嶼帕邁拉的資料，取材自該組織內部期刊：*Nature Conservancy*, p.29 (January/February 2001)，以及《紐約時報》的頭條社論 (11 June 2000)。該組織購買瓜特賽內加綠洲的資料，來自：*Nature Conservancy*, p.28 (May/June 1998)。

㉙原注：哥斯大黎加私有自然保留區的資料，請參考：Patrick Herzog and Christopher Vaughan, *Revista de Biologia Tropical* 46 (2): 183-9 (1998)。

㉚原注：關於私人機構（包括非政府組織）從事全球保育所具有的優點，過去十年當中最重要的一份文獻，其總結資料可參考：Gretchen C. Daily and Brian H. Walker, *Nature* 403: 243-5 (2000)。對於私人機構參與環保，政治上從標榜自由派的自然步驟 (Natural Step)(www.emis.com/tns)，到保守派的政治經濟研究中心 (Political Economy Research Center)(perc@perc.org)，各派別均表支持。除了非政府組織之外，政府在這方面所扮演的角色，請參考：Alexander James, Kevin J. Gaston and Andrew Balmford, *Nature* 404: 120 (2000)。

㉛原注：Alexander James 等人估計，要支持具有代表性的地球生態系，每年需要的全球保育經費約爲二百七十五億美元。關於維護熱帶雨林保留區所需的經費概估，資料來源爲二〇〇〇年舉行的「爲大自然而戰」會議：Stuart L. Pimm et al., *Science* 293: 2207-8 (2001)。

㉜原注：錯誤補助對於經濟和環境所造成的傷害，請參考：Norman Myers and Jennifer Kent, *Perverse Subsidies: How Tax Dollars Can Undercut the Environment and the Economy* (Washington, DC: Island Press, 2001); Norman Myers, *Nature* 392: 327-8 (1998); David Malin Roodman, *Paying the*

Piper: Subsidies, Politics, and the Environment (Worldwatch paper No. 133) (Washington, DC: Worldwatch Institute, 1996)。另外也有人曾研究林業補助所造成的影響，並附帶一篇對於八大工業國（加拿大、法國、德國、義大利、日本、俄羅斯、英國、美國）保護林業的評論：Niger Sizer et al. In the June 2000 *Forest Notes* of the World Resources Institute。

㉝原注：聯合國一九九二年於里約熱內盧舉行的地球高峰會中所制定的「生物多樣性公約」，相關報告與分析文件甚多，譬如：Adam Rogers, *The Earth Summit: A Planetary Reckoning* (Los Angeles: Global View Press, 1993)。

㉞原注：在韓國非軍事區設立生物多樣性保留區的提議是由金基中率先提出：*Science* 278: 242-3 (1997)。而後由非軍事區論壇於二〇〇一年倡議，並獲多家環保團體贊助 (http://dmz.koo.net)。

㉟原注：美國「瀕絕物種法案」內容及沿革的官方說法，取材自：Michael J. Bean, *Environment* 41 (1): 12-8, 34-8 (1999)。相關的讀物與個人閒話，請參考：Douglas H. Chadwick, *National Geographic* 187 (3): 2-41 (March 1995)。在一篇關於野地的評論中，附有一份簡明扼要的美國環保運動大事記：Stewart L. Udall, *American Heritage*, pp. 98-105 (February/March 2000)。實際執行層面，包括如何運用「棲地保育計畫」，請參考下列總結文章：Laura C. Hood et al., *Frayed Safety Nets: Conservation Planning Under the Endangered Species Act* (Washington, DC: Defenders of Wildlife, 1998)。

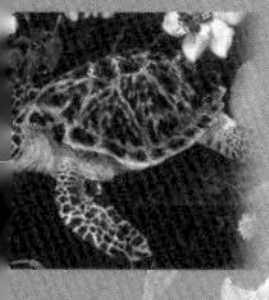

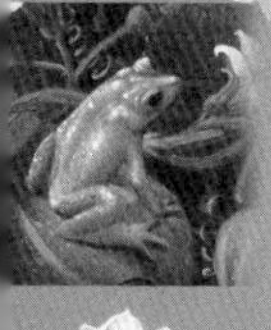

附錄

名詞注釋

致謝

名詞注釋

DNA（deoxyribonucleic acid） 去氧核糖核酸。組成遺傳密碼的雙螺旋長鏈分子。

IUCN 國際自然及自然資源保育聯盟 The International Union for Conservation of Nature and Natural Resources 的縮寫，該組織又名世界保育聯盟（World Conservation Union），總部設在瑞士格蘭得。

WWF 世界野生生物基金會；世界自然基金會 有兩個團體都採用WWF這個名稱縮寫，一個是總部位於華盛頓特區的世界野生生物基金會（World Wildlife Fund，另一個是位於瑞士格蘭得的世界自然基金會（World Wide Fund for Nature）。世界野生生物基金會屬於世界自然基金會的美國分支機構，而後者是由世界各地多個類似分支機構所組成。兩個團體都屬於國際上深具分量的保育團體。

〈二劃〉

入侵物種 invasive species 對某特定環境來說，既是外來生物，同時也能以某種方式破壞該環境及其中生物的物種，可以是植物、動物或是微生物。

〈四劃〉

分類學 taxonomy 生物的命名和分類。基本上類似「系統分類學」，但是通常著重於特徵描述與正式命名，以及將物種歸入更高的分類層級，像是屬、目、以及門。

天擇　natural selection　同個族群中不同基因型的個體，對子代的貢獻差異；此演化機制是由達爾文所提出。

〈五劃〉

古細菌　archaean　古細菌界的生物。一種古老、類似細菌的單細胞生物，通常出現在極端的棲息地中（如：溫泉），但也會出現在大海或其他較正常的環境中。

巨動物相　megafauna　體重達十公斤或更重、最大型的動物，像是鴕鳥、鹿、以及鱷魚等。

生物多樣性　biodiversity（biological diversity）　所有發生在生物體上的遺傳變異，可以指生態系之間、或構成生態系的物種之間的差異，甚至小至同種生物間遺傳組成的變異。生物多樣性可以用來形容地球上所有的或是局部的生命型式差異，例如，可以說秘魯的生物多樣性，也可以說秘魯的雨林的生物多樣性。

生物相　biota　某個特定地點中的所有生物，包括植物、動物與微生物。

生物圈　biosphere　生物的總稱，包括所有活生生的植物、動物、以及微生物。生物圈彷彿一層透明的外殼包裹著地球，因此相當於一個中空的球體。

生態系　ecosystem　某特定棲地（像是森林或珊瑚礁，又或是把尺度擴大到整個地球）中的物質環境以及居住其中的生物。

生態系服務　ecosystem services　生態系替人類創造健康環境的功用，從製造氧氣，到土壤的形成，乃至於去除水中毒性等。

生態足跡　ecological footprint　供應每個人食物、用水、運輸、居住、廢棄物處理、管理以及娛樂，平均所需的具生產力的土地。

生態旅遊　ecotourism　著重於有趣、具吸引力的環境特色（包括動物相與植物相）的旅遊方式。

生態學　ecology　研究生物與環境之間交互作用的科學，在此所謂的環境，包括物質環境以及居住其中的其他生物。

〈六劃〉

共同演化 coevolution　兩個以上的物種在相互影響下的演化，其中一種生物的改變會影響其他物種的改變。

自然保育協會 The nature conservancy　一所保育機構，目標主要在於取得並保護自然保留區；是以美國爲主的團體，但也日益國際化；總部設在維吉尼亞州的阿靈頓。

自營生物 autotroph　不需要吃食其他生物，而能夠獨立存活、生殖的生物，尤其是指能夠利用太陽能源的植物，以及能夠從無機分子的氧化過程中獲得能量的微生物。

〈七劃〉

系統分類學 systematics　生物的命名和分類。基本上和「分類學」意義相同，只是特別強調物種的演化譜系，以及多個物種如何依據此譜系群集成更高的分類單元，像是屬、目、及門。

系統發生學 phylogeny　某群特定生物（像是蘭花或是鳳蝶）與該群生物所屬演化樹相關的演化歷史。

〈八劃〉

亞種 subspecies　種以下的分類單元。通常定義成某個地理種：也就是某個族群因地理隔絕，而與其他地區同種族群產生一至數個不同的遺傳差異。

協同作用 synergism　二個以上的因子同時發生時，所產生的加強效應。

雨林 rainforest　全年降雨豐沛且平均的森林，由於雨量充足，可供養濃密的常青植物。這類生態系中，最著名且生物多樣性最高的是熱帶雨林，通常都具有好幾層由濃密枝葉組成的樹冠，因此陽光在照射到地面前，百分之九十的光線都會被樹冠層層阻絕。溫帶地區也有雨林，像是北美洲的太平洋岸西北部、智利南邊海岸、以及塔斯馬尼亞。

非政府組織 nongovernmental organization（ＮＧＯ）　不經由國家或地方政府來運作的組織機構。

〈九劃〉

指數性變動 exponential　因組成分子成長或衰退而增加或減少的情況。人口和銀行戶頭在不受干擾的情況下，都會呈指數成長。反之，如果餘額定期以固定百分比減少，則該族群人口數量及銀行戶頭都會呈指數衰減。

染色體 **chromosome** 在較高等生物（也就是細菌和古細菌除外的生物）體內，一種由基因和周邊的蛋白質所組成的遺傳物質。

紅皮書 **Red List** 全球生存受到威脅的動植物名單，由ＩＵＣＮ的物種存活委員會（Species Survival Commission）所印行。最近一份名單於公元兩千年發布。

面積—物種原理 **area-species principle** 島嶼或是棲息地的面積與物種數量的關係，屬於一種數學常規。

〈十劃〉

哺乳動物 **mammal** 分類上屬於哺乳綱的動物，特徵在於雌性動物的乳腺能分泌乳汁，以及身體披有毛髮。

浮游生物 **plankton** 被動漂浮在海洋或空氣中的生物，大部分是微生物和小型動植物。

能量金字塔 **energy pyramid** 所有營養層級的總稱，從底層的植物到草食者，再到最高層的肉食者，能量轉換率約爲十分之一；也就是說，每個層級生物能將其攝取能量的大約十分之一，用於合成身體組織。結果營養層級愈高，所獲得的能量愈少，於是形成一個能量金字塔。

脊椎動物 **vertebrate** 具有一條分節的脊柱的動物。現存脊椎動物主要有五大類：魚類、兩棲類（青蛙、蜥蜴等）、爬蟲類、鳥類、以及哺乳類。

〈十一劃〉

動物相 **fauna** 某特定地區的所有動物（或譯爲動物區系）。

國際保育協會 **Conservation International** 一個全球性的保育團體，總部位於華盛頓特區。

基因 **gene** 遺傳的基本單位，是由多個鹽基（或說ＤＮＡ）所組成，而且通常是坐落於染色體上的一小塊區域。

基因組 **genome** 某個（或某種）特定生物的所有基因。又譯爲基因體。

瓶頸 **bottleneck** 在此係指有些實體（像是水體、族群、或是多樣性）必須通過的某個有限區域，以便重新回到（或至少接近）原先的情況。例如人類在二十一世紀面對的瓶頸便來自於人口增加、每人平均消費量增加、以及每人平均享有的天然非再生性資源減少。

〈十二劃〉

棲地 habitat 某種特定環境，例如一座湖泊、或是森林裡的一片空地（或譯為棲息地、棲境）。

植物相 flora 某特定地區的所有植物（或譯為植物區系）。

無脊椎動物 invertebrate 身體構造不具有包裹中樞神經索的脊柱的動物。大部分動物都屬於無脊椎動物，從圓蟲到海星，從昆蟲到蚌類，都是無脊椎動物。

〈十三劃〉

嗜絕境生物 extremophile 能夠生存在極端環境（像是溫泉、海洋冰層、以及極深的地底洞穴）狀況下的生物，通常是細菌或古細菌，但偶爾也包括一些藻類、眞菌以及無脊椎動物。

微生物 microbe 極小型的生物，尤其是指細菌和原始菌。

微生物 microorganism 小到肉眼無法看到的生物，最典型的是細菌、古細菌、或是原生生物，但是也包括一些最小型的眞菌與藻類。

達爾文主義 Darwinism 此理論在闡述透過天擇產生的演化，是依據發現此過程的學者達爾文（Charles Darwin）命名的。

〈十四劃〉

種 species 生物分類上最基本的單元，由一個族群或是一系列血緣相近且相似的族群組成。就有性生殖生物而言，物種的定義通常是較狹隘的「生物種」概念，是指：一個或多個在天然環境中可以彼此自由交配、但是不能與其他族群交配的族群。

〈十五劃〉

熱點 hotspot 某些富含獨特生物種類、但環境狀況岌岌可危的地區，像是馬達加斯加、熱帶安地斯山區（或譯為危機區）。

適應輻射 adaptive radiation 在同一地理分布範圍內，單一物種演化成許多不同型態的物種。典型的例子是澳洲有袋類哺乳動物，由單一的遠祖演化出多種袋鼠、袋熊，以及與其他地區哺乳動物扮演類似角色的有袋類。

〈十六劃〉

親生命性 biophilia 一種與生俱來、受其他生物吸引並想要與天然生態體系產生連結的傾向。

〈十八劃〉

轉殖基因 transgene 藉由基因工程技術，由一種生物體內轉移至另一種生物體內的基因。

〈二十一劃〉

屬 genus 一群類似且彼此間關係密切的物種。

致謝

過去這二十年，我見證到保育運動蓬勃成長爲現在這股強大的全球事業。如今，它已具有高度綜合性，涵蓋了衆多領域，像是生物學、經濟學、人類學、政治學、美學，以及非常重要的宗教信仰和倫理哲學。推動保育的中心思想是：人類的福祉與地球的健康息息相關。因此，不論是對曼哈坦的銀行家，或是對宏都拉斯的農夫來說，管理自然界都同樣重要。

爲了撰寫本書，我曾請教許多不同領域的專家。我尤其感謝下列人士，提供他們專業領域方面的訊息，或是幫我校正手稿，又或是兩者皆具：

Michael J. Bean（環境法）

Andrew A. Bryant（土撥鼠生物學）

Lawrence Buell（梭羅）

Bradley P. Dean（梭羅）

Gustavo Fonseca（保育生物學，公共政策）

Thomas J. Foose（犀牛生物學）

Howard Frumkin（親生命性，公共衛生）

Kathryn S. Fuller（保育，公共政策）

Ted Gullison（森林管理）

James Leape（保育，公共政策）

Edward J. Maruska（犀牛生物學）

James J. McCarthy（全球氣候）

Russell A. Mittermeier（保育生物學，公共政策）

Norman Myers（保育生物學）

Brad Parker（梭羅）

Stuart L. Pimm（保育生物學）

Alan Rabinowitz（犀牛生物學）

Richard Rice（生態經濟學）

Terri Roth（犀牛生物學）
Stuart L. Schreiber（天然物）
J. Michael Scott（保育，土地管理）
Peter A. Seligmann（保育，公共政策）
M. S. Swaminathan（農業）
David Tilman（生態系研究）
Mathis Wackernagel（全球自然資源）
Diana H. Wall（生物多樣性，南極）
Christopher T. Walsh（天然物，生物醫學）

當然，本書手稿付印（二〇〇一年八月）後，若有任何錯誤或誤解之處，皆非上述人士的責任。

最後，我要特別感謝 Kathleen M. Horton，正如我於一九六七年所出版的第一本書《島嶼生物地理學之理論》（與 Robert H. MacArthur 合著），本書亦有勞她提供完全正確的忠告以及專業的協助來完成。在此，我深感榮幸的感謝她長久以來，在研究及編輯上所扮演的重要角色。

國家圖書館出版品預行編目資料

生物圈的未來／威爾森（Edward O. Wilson）著；楊玉齡譯.
-- 第一版. -- 臺北市：天下遠見出版；2002[民91]　面；
公分. --（科學文化；77X）

譯自：The Future of Life
ISBN 986-417-076-7（平裝）
ISBN 986-417-358-8（精裝）

1.生態學　2.環境污染　3.環境保護

367　　91022285

生物圈的未來

原　　著／威爾森
譯　　者／楊玉齡
策 畫 群／林　和（總策畫）、牟中原、李國偉、周成功
系列主編／林榮崧
責任編輯／黃佩俐
美術編輯／江儀玲
封面設計／江儀玲

出 版 者／天下遠見出版股份有限公司
創 辦 人／高希均、王力行
遠見・天下文化・事業群　董事長／高希均
事業群發行人／CEO／王力行
出版事業部總編輯／王力行
版權部經理／張紫蘭
法律顧問／理律法律事務所陳長文律師、太穎國際法律事務所謝穎青律師
社　　址／台北市104松江路93巷1號2樓
電　　話／（02）2662-0012　　傳真／（02）2662-0007；2662-0009
電子信箱／cwpc@cwgv.com.tw
直接郵撥帳號／1326703-6號　天下遠見出版股份有限公司

電腦排版／極翔企業有限公司
製 版 廠／東豪印刷事業有限公司
印 刷 廠／盈昌印刷有限公司
裝 訂 廠／源太裝訂實業有限公司
登 記 證／局版台業字第2517號
總 經 銷／大和書報圖書股份有限公司　電話／（02）8990-2588
出版日期／2002年12月20日第一版
　　　　　2012年11月5日第二版第4次印行
定　　價／320元

原著書名／**The Future of Life**
by Edward O. Wilson

ISBN: 986-417-358-8　（英文版ISBN:0-679-45078-5）

書號：CS077X

Believing in Reading

相信閱讀